新疆滴灌甜菜节本增效栽培技术

◎ 林明 王荣华 曹禹 于佳 等 著

U0306414

中国农业科学技术出版社

图书在版编目（CIP）数据

新疆滴灌甜菜节本增效栽培技术 / 林明等著. --北京：
中国农业科学技术出版社，2023.9
　　ISBN 978-7-5116-6441-9

　　Ⅰ.①新… Ⅱ.①林… Ⅲ.①甜菜－滴灌－栽培技术
Ⅳ.①S566.3

中国国家版本馆CIP数据核字（2023）第 173625 号

责任编辑　周丽丽
责任校对　李向荣
责任印制　姜义伟　王思文

出 版 者　中国农业科学技术出版社
　　　　　　北京市中关村南大街 12 号　　邮编：100081
电　　话　（010）82106638（编辑室）　　（010）82109702（发行部）
　　　　　　（010）82109709（读者服务部）
网　　址　https://castp.caas.cn
经 销 者　各地新华书店
印 刷 者　北京建宏印刷有限公司
开　　本　170 mm×240 mm　1/16
印　　张　8
字　　数　150 千字
版　　次　2023 年 9 月第 1 版　　2023 年 9 月第 1 次印刷
定　　价　60.00 元

《新疆滴灌甜菜节本增效栽培技术》
著者名单

主　著　林　明　王荣华　曹　禹
　　　　　于　佳
副主著　鲁伟丹　郝志强　周远航
著　者　樊晓琴　郭建富　高江龙
　　　　　马小龙　王　强　王展鹏

内容提要

新疆是国家甜菜糖重要生产基地之一。随着甜菜单粒种、地膜覆盖、滴灌节水等技术的引进和推广应用，新疆甜菜全程机械化生产得到极大发展，助推甜菜单产水平达到全国领先地位，成为我国甜菜种植的优势区域之一。由于新疆甜菜种植区域广、跨度大，形成了几个不同类型的主产区，这些区域内普遍存在水资源短缺、物化成本高、甜菜品种多且没有形成适宜当地的主栽品种等问题，也存在挖掘甜菜滴灌模式的潜力不够的问题，膜带配置、灌水量以及肥料效应的优化等也需要进一步研究。因此，本书围绕新疆滴灌甜菜品种筛选、膜带配置及水氮调控效应开展了系统研究，旨在为建立新疆甜菜高产优质、高效节水的栽培模式提供依据。

本研究对20个甜菜品种进行了多点品种比较试验，分析不同试验点不同品种间的生长差异，筛选出适合不同种植区的最优甜菜品种。同时设置不同管带配置、不同覆膜方式和不同灌水量试验，其中，不同管带配置包括一膜双行单管（D1）和一膜双行双管（D2）；不同覆膜方式包括裸地（M1）、黑膜（M2）、单白膜（M3）和双白膜（M4）；不同灌水量包括3 000 m³/hm²（W1）、4 500 m³/hm²（W2）、6 000 m³/hm²（W3）、7 500 m³/hm²（W4）4个灌水量处理。分析其对田间土壤水热特性的影响以及甜菜生长、光合特性、产量和质量指标的影响，明确适宜新疆甜菜种植的管带配置、覆膜方式及保证甜菜产量和质量前提下的最适灌水量。此外，试验还设置了6个氮肥施用量（纯N）处理，分别为0 kg/hm²（N0）、180 kg/hm²（N1）、150 kg/hm²（N2）、120 kg/hm²（N3）、90 kg/hm²（N4）、60 kg/hm²（N5），探究不同施氮量对土壤与植株养分以及甜菜生长的影响，明确不同施氮量对甜菜产量和质量的调控效应。研究内容和主要结果如下。

（1）新疆不同生态区甜菜的适生性和最适品种的筛选。不同生态区Beta379

品种平均产量为10.20 t/hm²，KWS5599品种平均产量为9.66 t/hm²，KWS6637品种平均产量为9.51 t/hm²，这3个品种的产量高于其他品种，但差异不显著。品种Beta379地下部干物质积累量，含糖量和产量均为最高，变异系数分别为0.71、1.05和0.68，相对处于较稳定状态，可见该品种在产量和含糖量方面处于优势地位。Beta379品种在昌吉、石河子、伊犁的得分排名分别为第1、第3、第2名，因此该品种在各生态区表现较好，生态适应性较强，适宜在新疆大面积推广种植。

（2）管带配置与覆膜方式对土壤水热特性与甜菜生长的影响。以Beta379为试验材料，通过不同管带配置间比较，双行双管（D2）下各处理比双行单管（D1）下各处理在4个生长时期倒4叶（L4）面积均有增加，其中苗期增加10.01%、叶丛快速生长期增加6.80%、块根膨大期增加8.00%、糖分积累期增加10.45%。D2处理进入甜菜快速生长期（T1）比D1处理提前10.0 d，到达甜菜快速生长结束期（T2）比D1延迟12.0 d，且此时期快速生长特征值（GT）比D1增加11.24%。D2配置处理单根重、含糖率、产量和产糖量比D1处理分别增加30.46%、1.10%、31.47%和32.76%。因此双管配置下甜菜产量和质量优于单管配置。在2种管带配置下，不同覆膜方式间比较，覆膜方式显著影响土壤温度，覆双白膜处理保温性能较好，块根膨大期倒4叶面积由高到低均表现为M4>M3>M2>M1；在D1处理下，M4、M3和M2分别比M1增加13.76%、6.52%和4.28%，在D2处理下，M4、M3和M2分别比M1增加23.28%、15.16%和7.26%。D2M4组合是甜菜快速生长期获得最高快速生长特征值（GT）的最佳组合。不同覆膜方式下单根重、含糖率、产量和产糖量由高到低均表现为M4>M3>M2>M1。综合来看，D2M4处理最有利于甜菜产量和产糖量的形成，即双白膜处理及双管配置更优。

（3）灌水量对土壤含水量与甜菜生长的影响。双管双膜配置下灌水量显著影响耕层土壤含水量，处理间土壤含水量平均值表现为W1<W2<W3<W4，W4灌水量处理与W3处理间土壤含水量不存在显著性差异，W3处理分别较W1灌水量处理高出7.20%。W4灌水处理下甜菜各项生长指标与W3处理不存在显著性差异，W2、W3、W4处理下干物质积累量在糖分积累期不存在显著性差异，分别平均较W1处理高出27.95%、20.27%、21.37%。同时，灌水显著影响甜菜产量，但灌水量的增加不会造成甜菜产量的同步增加，2020年W3灌水处理下甜菜产量与含糖量略高于W4处理，不存在显著性差异。W3处理较W1处理与W2处理显著增产22.51%与14.24%，W4处理较W1处理与W2处理分别显著增产30.49%与21.69%。W3处理产糖量与W2处理不存在显著性差异，较W1、W4处理

分别显著增加35.55%、24.7%，综合来看，W4处理可以在减少灌水量的同时，保证甜菜正常生长优于其他覆膜灌水量处理，提高甜菜产糖量。

（4）氮肥施用量对甜菜生长发育的调控效应。减少氮肥施用量不仅会造成土壤速效养分含量的降低，还会造成甜菜植株养分积累量的降低。施氮量的高低显著影响甜菜产量，但适量降低氮肥施入量不会显著影响甜菜生长，各施肥处理间土壤有机质含量与土壤速效钾含量不存在显著性差异，N1、N2处理下碱解氮含量分别较N4处理高出10.94%、8.81%。N1、N2处理间土壤速效磷含量不存在显著性差异，N3处理与N1、N2处理间速效磷含量不存在显著性差异，N4、N5处理土壤速效磷分别较N1处理显著降低19.43%、23.99%，较N2处理显著降低13.05%与17.36%。氮量显著影响土壤养分与甜菜植株养分积累量、甜菜生长以及产量和质量。叶丛生长期后，N4、N5处理甜菜生长缓慢，丛高显著低于N1、N2处理。N1、N2、N3处理间产量不存在显著性差异，N4处理分别较N1、N2处理显著减产9.41%、9.41%，因此，氮肥施用量的大幅度降低会造成植株养分吸收量以及甜菜干物质积累的显著降低。但适量减少氮肥施用不会对甜菜生长及产量和质量造成显著影响。

综上所述，本试验条件下，新疆滴灌甜菜的适宜品种为Beta379，该品种在产量和含糖量方面处于优势；最优配套栽培模式为双膜双管管带配置，通过覆双膜减少作物蒸散量，结合双管滴灌减少土壤水分的深层渗漏，从而能够适时、适域的供给作物生长发育所需要的水分和养分，为作物生长提供良好的水、肥和热环境，适宜的减少滴灌量为6 000 m³/hm²，适宜的减施氮肥（纯N）用量为150 kg/hm²，可为新疆滴灌甜菜高产高效栽培模式提供参考。

目 录

第 1 章

绪　论

1.1　目的意义

甜菜（*Beta vulgaris* L.）是我国重要的糖料作物之一，甜菜糖的产量占我国食用糖总产量的10%～20%。新疆是我国第二大甜菜产区，种植面积超过全国甜菜总面积的40%，产糖量占全国甜菜糖总产量50%以上（王荣华等，2022）。随着甜菜新品种、地膜覆盖、滴灌节水等技术的引进和推广应用，新疆甜菜生产得到极大发展，甜菜单产水平大幅度提高，较全国平均水平高出50%左右（林明等，2021）。甜菜受生长环境等自然因素的影响，在长时间的光照和温差作用下，成为最重要的糖料作物，虽然其生物产量高，但需要的水量更多（高卫时，2014；樊华，2014；刘长兵，2012）。而甜菜主要分布于我国西北，华北和东北的干旱、半干旱地区，这些地区的年降水量较少，且分布不均匀，水资源相对缺乏，成为制约甜菜产量形成的主要因素之一（林明等，2016）。水资源短缺和人们对节水意识的增强，使我国的滴灌技术被广泛推广，尤其是在一些干旱及半干旱地区。"十一五"以来，新疆借鉴棉花节水技术研究的成功经验，对甜菜膜下滴灌技术开展了探索。滴灌作为一种新型的灌溉技术，具有节水、节肥、增产、省工、增效等诸多优点，对促进干旱区农业的发展具有重要的作用（Li et al.，2019）。

地膜覆盖是旱农地区有效蓄水保墒和提高作物产量的重要技术措施（王荣华等，2010）。地膜覆盖在一定程度上可以有效地改善旱作农业区的上层土壤水热状况，对作物产量有一定增产效应（王荣华等，2014）。膜下滴灌是滴灌技术和地膜栽培技术结合形成的一种新型节水灌溉技术，通过覆膜减少作物蒸散量，结合滴灌减少土壤水分的深层渗漏（王维成等，2010；王玉明，2009），从而能够适时、适域地供给作物生长发育所需要的水分和养分，为作物生长提供良好的水、肥和热环境，达到节水增产、抑制盐胁迫、自动机械化强、防止深层渗漏，最终达到改善品质的目的（位国峰等，2013；杨吉顺等，2010；杨九刚等，2012）。通过不同灌水试验发现，甜菜叶面积指数、干物质积累量、净光合速率和气孔导度均随灌水量增加而增加，且水分不仅影响甜菜的丛高、叶面积指数等生长指标，还会影响甜菜的光合生理指标，净光合速率、蒸腾速率、气孔导度等（张磊等，2009；张娜等，2014）。

同时，甜菜对肥料十分敏感，需肥量较大，且需肥时期也相对较长。施肥对甜菜的产量影响极大，氮素在植物体内的含量一般占干物质含量的1%~3%，对甜菜形态建成、生长发育、产量和品质形成等都有十分重要的影响，增加氮肥施用量时可相应提高甜菜产量，而氮不足时可明显降低其产量（Bandy opadhyay，2010；Dias et al.，2009；Santosh et al.，2011）。由于甜菜属无限生长型作物，氮肥过量施用会造成茎叶明显徒长，影响养分向块根转移，造成减产；同时施氮量增加也明显降低甜菜含糖率和品质（Singh et al.，2006；习金根等，2003）。因此，为了甜菜的高产、优质、高效栽培，筛选出适合新疆地区膜下滴灌的适宜氮肥施量是甜菜种植发展的前提，明确甜菜对氮的吸收代谢特性是甜菜合理施氮的基础，其中充而不余的施氮对于甜菜丰产、高糖至关重要。本书旨在通过试验，探索并提出最适宜新疆甜菜种植区的甜菜种植品种、施氮量、管带配置方式以及覆膜方式与灌水量，提高水、肥利用率，形成高产优质、水肥高效的甜菜栽培模式。

1.2 国内外研究现状

1.2.1 甜菜栽培现状

1.2.1.1 国内甜菜栽培现状

甜菜属冷凉糖料作物，主要生长在北半球的寒冷地区，在40多个国家生产，主要在欧洲，其次是北美和亚洲。甜菜在我国栽培时期较短，仅有100多年的历史。据有关文献记载，我国于1906年（清光绪三十二年）自德国引入甜菜种子试种，1909年我国建立第一座甜菜厂——黑龙江省阿城糖厂，甜菜才正式作为制糖工业原料生产。现在，甜菜已被国内广大种植户接受，其中新疆地区甜菜亩产量已高于世界平均水平，在农业生产中占有一定的比重，由于政策、体制等因素的变化，甜菜经历了曲折的发展历程（郭文双，2020；莒琳，2012；李国龙，2011）。

目前，我国甜菜种植区域逐渐集中在北方地区，其中新疆、内蒙古、黑龙江3个地区的甜菜种植面积占据全国甜菜种植面积的90%，对各省区2018年以来甜菜生产形势分析，种植面积：内蒙古第一位，新疆第二位，黑龙江占据第三位。总产量：内蒙古第一位，新疆第二位，黑龙江第三位。平均单产：新疆第一位，内蒙古第二位，黑龙江第三位，新疆的平均单产量远远超过其他省区。新疆光热资源丰富，昼夜温差大，有利于甜菜的生长以及干物质、糖分的积累，是甜菜种植的优势产区。新疆甜菜种植面积常年稳定在100万亩[①]左右，目前共有15家糖厂，日加工能力5万t，每年可加工甜菜500万t，生产食糖60万t左右，是全国重要的糖料作物种植基地（王俊等，2003；员学锋等，2006；张治等，2011）。新疆北疆甜菜种植面积在80万亩左右，主要分布在伊犁河谷、塔额盆地及天山北坡等地，有11家糖厂。近些年来，由于受到其他作物比较效益影响，农民种植甜菜的积极性不高，导致北疆区域甜菜种植面积极不稳定，企业加工原料严重不足。为提高甜菜种植效益，稳定甜菜种植面积，各甜菜产区采取了选择单粒高产品种、提高甜菜种植密度、增加水肥投入、全程机械化应用等多项措施来提高甜菜单产、减少甜菜生产投入。目前，我国甜菜主产区生产上应用的品种95%以上是从国外引进的品种，主要来自瑞士的先正达、荷兰的安地、德国的KWS和斯特儒伯、美国的BETA以及丹麦的麦瑞博几家种子公司，其中德国的KWS和荷兰的安地两家公司的种子所占种植面积最大（魏良民等，2003；马林等，2008）。

1.2.1.2 国外甜菜栽培现状

欧美发达国家甜菜种植水平较高，尤其是法国和荷兰。世界甜菜每年种植面积大约为500万hm²，甜菜总产量约为2.5亿t/年，2002—2006年荷兰产糖量为10.6 t/hm²，到2012—2016年，产糖量达到13.8 t/hm²（曹禹，2016），法国是世界第二大甜菜糖生产国，也是世界上甜菜平均单产最高的国家，2008年法国甜菜平均单产达到81.75 t/hm²，含糖率为16%～17%（李蔚农，2010）。甜菜种植采取露地直播技术，播种密度为90 000～100 000穴/hm²，采取45 cm或50 cm等行

---

① 1亩≈667 m²，15亩=1 hm²，全书同。

距、株距18~20 cm种植模式（杨骥，2010）。虽然法国甜菜种植水平较高，但其甜菜育种水平较弱，一直以来甜菜用种主要为德国和荷兰单粒品种。在甜菜种植品种布局中，根据地理位置和气候环境不同优化种植各类型甜菜品种，标准型品种占80%，高糖型品种占15%，丰产型品种5%（魏良民，2000）。甜菜种植在20世纪70—80年代就已经实现全程机械化。日本位于亚欧大陆东部，陆地面积约37.79万km²，山地和丘陵占总面积的71%，国土森林覆盖率高达67%，可耕地只有12%。日本地处海洋的包围之中，属典型的海洋性气候，以温带和亚热带季风气候为主，夏季炎热多雨，冬季寒冷干燥，四季分明，南北气温差异十分显著。日本甜菜种植区北海道位于日本最北部，积温在2 400 ℃以上，日照2 100 h以上，生育期125~150 d；土壤为火山灰土，有机质含量低，磷、钙等营养成分缺乏，肥沃程度差；土壤黏性强、不易排水，影响耕整地质量，不利于根系生长发育（胡朝晖，2014）。尽管日本的甜菜种植条件并不十分优越，但是日本使用先进的农业技术，通过栽培技术水平的提高，现已发展成为世界甜菜高产国之一。

1.2.1.3　新疆甜菜种植影响因素与发展潜力

新疆是我国五大食糖主产区之一，是我国甜菜种植的传统产区。近年来，新疆甜菜种植面积和甜菜糖产量均位居甜菜生产的第二位，在甜菜生产中具有举足轻重的地位（王荣华，2022）。随着甜菜新品种、地膜覆盖、滴灌节水等技术的引进和推广应用，新疆甜菜生产得到极大发展，使甜菜单产水平大幅度提高，单产水平较全国平均水平高出50%左右，居全国第一位，达到世界发达国家水平（胡华兵，2014）。林明等（2022）通过对新疆伊犁河谷、塔额盆地、天山北坡三大甜菜种植区域甜菜种植情况、生产投入、比较效益等进行探讨分析，发现甜菜生产成本偏高的原因与影响因素，为新疆甜菜种植发展提供参考。

（1）甜菜的生产成本和经济效益在不同种植区区域存在差异。新疆伊犁河谷、塔额盆地、天山北坡三大甜菜种植区域甜菜生产比较效益存在差距。从成本收益率来看，三大甜菜种植区表现为：塔额盆地>天山北坡>伊犁河谷。土地承包费、人工费、机械费、肥料费对甜菜种植成本影响最大，伊犁河谷地区甜菜种植成本中，承包费与劳动力费为占比最高的两项费用，这两项费用占总成本的50%以上，而劳动力费高跟伊犁河谷地区大多数农户种植甜菜不覆膜，导致需要大量人工拔草有关。天山北坡地区与塔额盆地地区甜菜种植成本中承包费与机械费为占比最高的费用，因此，不同种植区域经济效益受生产成本投入的影响程度也不同。

（2）稳定甜菜种植面积。甜菜播种面积的变动是农户种植结构调整的结果，既反映甜菜上一年种植生产比较效益的高低，也对该年生产比较效益产生影响。特别是在耕地资源有限、劳动力成本较高的地区，播种面积的变动对甜菜生产比较效益的影响会更显著，新疆甜菜生产只有控制在适度的规模才能促进新疆甜菜产业稳定、协调、持续地发展。因此通过价格控制和利润的驱动，调动农民种植甜菜的积极性，保证甜菜种植面积，为新疆甜菜种植发展奠定基础。

（3）优质品种的培育与选择。新疆甜菜生产所用种子约有95%的市场份额由外国品种占有，由于少数几家大公司占有绝大多数市场份额，逐步形成了垄断经营的态势（张冰，2010）。种子价格越来越高，每亩甜菜种子价格在110~120元，甜菜种子价格同样成为升高甜菜种植成本的重要因素。因此，针对新疆甜菜种植区的生态气候条件、含糖率偏低、不抗病等问题选出的更适合本区种植的优良品种，采用高新技术和传统技术相结合的育种方法（王燕飞等，2003；倪洪涛，2011），增强自主创新研发能力，提高自主创新水平，加强抗病育种，开展甜菜多抗性育种，推进甜菜应用品种本土化的进程。

（4）合理水肥投入。调查研究发现，肥料费用与灌水费用总和在甜菜种植总成本中占比15%~20%。甜菜是需水肥较多的作物，但过多的水肥投入并不能造成甜菜产量与质量的同步增长，而水肥的合理投入不仅可以保证甜菜的稳产甚至增产，还可以提高甜菜含糖率，使甜菜向优质高产的方向发展（刘长兵等，2012；林明等，2016）。有机肥的合理配施可以在减少化肥投入的同时提高甜菜的产量与含糖率（张强等，2021），测土配方施肥同样可以将肥料的投入控制在适宜的范围内，因此合理的水肥投入可以在减少成本投入的同时，获得更高的效益。

（5）机械化技术应用与完善。人工成本是指在农作物生产过程中所投入的人工费用，甜菜的播种、施肥、除草、收获等都需要投入大量的人力，近年来，随着社会经济发展，农业劳动力价格越来越高，甜菜种植存在着用工多、人工贵的问题，而解决这一问题的办法就是发展机械化栽培技术，用机械代替人工，减少用工量（孙海艳等，2021）。因此，甜菜生产对机械化的需求越来越迫切。随着信息技术的不断发展，许多高科技设备在农业机械上得到应用，未来农业机械操作将具有智能化特点，使得作业效率更高、劳动成本更低（卢秉福等，2019）。同时甜菜种植相关配套设备将越来越专业化，作业水平将更加完善不断优化配套完善各种中耕、喷药农机具，保证作业质量，提高作业效率，是甜菜全程机械化种植的重要环节（刘珣等，2013）。

目前新疆甜菜已成规模化种植，甜菜的生产成本和经济效益的大小受不同种植区域的影响较大，新疆伊犁河谷、塔额盆地、天山北坡三大甜菜种植区域甜菜生产比较效益存在差距，其中塔额盆地甜菜生产比较效益最优、天山北坡甜菜生产比较效益次之、伊犁河谷甜菜生产比较效益较低。在甜菜种植成本要素所占的比例中；土地承包费、人工费、机械费与肥料费这四项费用占总成本的60%以上，是构成甜菜种植成本最主要的项目。在伊犁河谷地区甜菜种植成本中，承包费与人工费为占比最高的两项费用，这两项费用占总成本的50%以上，而人工费高是由于该区域露地种植面积占比高，杂草化学防治效率低，需要大量人工拔草所导致。天山北坡地区甜菜种植成本中承包费、机械费与水费占比最高。塔额糖区甜菜种植成本在三大区域中相对成本较低，所以在3个区域中比较效益最好。甜菜种植经济效益显著影响农户种植甜菜积极性，而新疆甜菜种植存在着甜菜种植存在品种多、成本投入过大、管带配置不完善、水肥投入不合理等亟待解决的问题，而甜菜相关种植问题的研究少之又少。故本研究在前期调查研究的基础上，设置试验以期明确适宜于新疆甜菜种植的管带配置、覆膜方式及保证甜菜产量和质量前提下的最适灌水量与减施化肥可能性。

1.2.2　不同甜菜品种区域性综合评价

1906年我国从德国引进糖用甜菜品种，种植历史仅一百多年（桑利敏，2017），但是我们一直将选育高糖高产的甜菜品种作为追求目标（柏章才，2012），以期最大程度地提高糖产量。近年来我国从国外引进了许多甜菜品种和种质资源，也通过与当地种植品种进行对比，选择更适宜当地的丰产耐病的品种，使甜菜的引种工作取得了很大的成就。我国目前保存的甜菜品种大约有1 500份，最早是在20世纪初期，从德国、荷兰等国家开始引进，中华人民共和国成立初期，我国甜菜种子主要靠进口为主，在20世纪50年代后，我国开始从国外大量引进新品种，经过在我国不同生态地区的试种和改良，已有10%左右用作育种基础材料，并选育出一批新品种（马瑞群，2020；孙海艳等，2021）。当时，由于国内新建糖厂多，甜菜种植面积迅速扩大，急需生产用种，于是在国外引种试种的基础上，大量引进国外种子用于甜菜生产。张立明等（2011）在2003—2004年在新疆种植甜菜品种Beta218，将该品种与对照（CK）的根产量、含糖率、产糖量以及病害的病级进行对比，得出该品种属于丰产抗病性品种，并且此品种在新疆已得到广泛种植。毛晓燕等（2018）通过斯特儒博和KWS系列品种与当地主栽品种的对比试验，对13份糖用甜菜品种的出苗期、出苗率、生长势、产量性状等进行分析，得出ST21916品种最适宜种植。在选育糖用甜菜，更加关注甜菜的品质性状、抗病性状等，选育饲用甜菜时更多的是从农艺性状、经济效益上进行选育。如临夏州农业科学院对引进的5个饲用甜菜品种进行分析，甜饲二号块根产量、鲜茎叶产量高，块根含糖率低，最适宜直接饲喂（杨霞，2019）。中国甜菜主要分布在东北、西北、华北，在这3个甜菜产区中，哪些农艺性状和甜菜产量及含糖率关系密切、不同生态区的限制因素是否相同、同一生态区产量和含糖率的限制因素是否一致等问题还没有系统研究，而根据农艺性状进行种质的评价与筛选有利于亲本的选配以及种质的改良。因此，对不同生态区甜菜农艺性状进行深入研究，促进甜菜在新疆地区推广种植，意义重大。

不同甜菜种植区气象环境不同，而已有研究表明，气象因子与甜菜生长及其各性状有很密切的相关性，决定甜菜生长和产量的重要环境变量包括温度、辐射、降水量、潜在蒸散量和土壤有效水分容量（Oi et al.，2005）。Ulrich（1995）结合光照、气温等气象条件研究发现低温可诱导甜菜块根含糖率增高。夜晚的温度越低，块根含糖越高，且甜菜含糖率与气温呈线性负相关关系（刑汝让，1984；张兴，1995）。王占才等（1987）发现甜菜生育后期的昼夜温差影响甜菜块根含糖率，陈多方等（1987）认为在甜菜生育前期遇高温天气可促进根重和含糖率的提高，后期高温则会使其下降（Ihl，1987）。日照和降水量也会影响甜菜块根根重和含糖率的增长。一些学者认为甜菜根重和含糖率会随着日照时间和阳光总辐射量的增加而增加，含糖率会随降水量的增多而减少（高桐祥，1982；李正祥，1985；韩永吉等，1992）。但有部分学者得到的结论与之相反（吕鹏等，2013）。Christine（2006）尝试通过构建模型量化天气条件来预估甜菜的产量；Pidgeon（2001）收集并分析了1961—1995年欧洲甜菜种植的气候和产量，发现干旱胁迫是造成英国甜菜产量较低的主要因素。Fabeiro（2003）在半干旱的环境中研究了甜菜的产量和品质，结果发现干旱胁迫会使甜菜产量显著降低，但在此环境下过度灌溉不能使甜菜产量有显著的回升。Sánchez-Sastre（2018）对35个甜菜品种在4个地区的生长和含糖率进行了评估，发现不同地区对其影响存在差异。因此，影响甜菜产量的因素是多方面的，在特定的栽培环境条件下，品种对作物产量的贡献率约为16%（曲文章，1990）。因此，品种在农业生产中的地位也备受关注，近年来我国引进国外甜菜品种的种植面积占总面积的95%以上，虽然产量较高，但含糖率较低（Bellin，2007）；而国内品种虽然含糖率较高，但单产低于国外品种（Mahmoodi，2008；Maslaris，2010）。如何既解决糖农对提高产量的需求，又解决制糖企业对含糖率的要求，在保证含糖率

（16%以上）的基础上求得最大的产量，这是我国甜菜目前需解决的主要问题。不少研究证实，不同基因型品种甜菜的根重与含糖率，主要取决于叶子的发育和块根生理特性（勾玲，2000）。杨瑞红等（1994）通过对24个甜菜品系的相关分析，提出单株根重与含糖率无显著相关，而张春来等分析证明甜菜四倍体品系的含糖率与根产量呈正相关。兴旺等（2018）对来自12个国家的甜菜种质进行遗传多样性分析，发现中国甜菜品种的表型遗传差异最大，并综合各性状表现进行聚类分析，筛选出15份丰产高糖种质。张自强等（2019）对104份甜菜16个农艺性状进行统计分析发现应试种质遗传多样性大且不同农艺性状间存在不同程度的关联性，如根头大小与根肉颜色呈显著负相关。Long et al.（2010）利用SSR分子标记技术对甜菜种质进行了比较系统的遗传多样性以及遗传距离分析，将130份种质划分为5个近缘组，分析得出各组品质性状、抗性性状间存在显著差异。除自然条件、生产条件、栽培管理技术外，与气象因素也有密切的关系。例如，气象因素会通过影响作物的光合性状及农艺性状来影响其产量和含糖率，光合作用作为作物产量的主要决定因素，直接影响了作物在生长季节捕获光并将其转化为生物量的效率，细胞间CO_2浓度、气孔导度也和光合效率关系密切。

随着对糖用甜菜的深入研究，目前认为对甜菜进行综合评价科学可靠的方法主要有简单相关性分析、主成分分析、灰色关联度分析、聚类分析等。灰色关联度分析可以较为客观地对各性状进行综合评价，根据参试品种的综合评价值对品种进行排序，这种方法广泛地应用于各种作物品种的研究（董玉良，2020；宋志美等，2011）。近年来灰色关联度分析法广泛地应用于新品种的筛选中（马炳美，2020；杨涛等，2020），甜菜上关于灰色关联度分析法的使用很少。灰色关联系统能够很好地解决农作物种植中的信息不确定的问题，邓聚龙（1982）首次提出灰色关联相关理论，早在20世纪80年代，我国已将灰色关联度分析法用于新品种的筛选中（刘录祥，1989），90年代初期便将该方法用于甜菜品种的筛选（张玉琴，1993；马炳美，2020），近年来在农作物的筛选中得到广泛应用（杨涛等，2020）。陈彦云等（2002）通过将9个杂交甜菜品种的褐斑病、丛根病与甜菜的产糖量结合起来进行分析，选择出D9016品种最适宜在宁夏等地种植。以往对不同甜菜品种区试引种的研究中，往往仅对单一的因素进行分析，而忽略了将影响甜菜的多种性状综合起来进行分析，所以在甜菜品种的筛选时缺乏科学性，无法准确判断生长性状和抗病性状与甜菜产糖量之间的关联度。而灰色关联度分析法则能够将影响甜菜的多个性状进行综合分析，能够避免单一性状指标判断品种优劣的弊端，使结果更具有科学性、可靠性。

主成分分析法是将多个测定指标进行简化，减少指标之间的相互影响，提取主要因子，然后计算综合得分（叶开梅等，2019）。主成分分析法在农业科学研究中使用得也很广泛（赵卫国等，2019；黄志伟等，2016），通过计算主成分分析的因子排名，为农业高产、高效的生产提供了品种选择的依据。主成分分析法很早便应用在农产品的选种上，主要应用于对小麦、玉米、棉花等大作物的研究。于营等（2020）通过对玉竹的农艺性状建立相关矩阵进行分析，利用SPSS软件提取了3个主成分，得出选择高产优质的玉竹品种最先考虑产量因子。宋晓等（2020）利用主成分分析法，通过对2017年和2018年两年的数据进行对比，将小麦氮素利用率的12个指标转化为3～4个综合指标，发现不同小麦品种之间氮效率存在很大差异，进而选择出高产高效氮品种。主成分分析法得出的结果具有较好的一致性，杨珊等（2022）通过对多试点的玉米进行分析，明确了相同品种在不同的年份对试点的适应性的情况。在国外对农作物的研究中，也广泛使用主成分分析法。Ebrahim et al.（2021）通过使用聚类分析和主成分分析法对马铃薯的产量进行分析，以期发展高产优质马铃薯。通过对13种水稻的品质性状进行研究，发现有4个主成分的特征值大于1，进而评价水稻各性状对总变异的贡献率（Sheela，2020）。但是国外使用主成分分析法在甜菜品种上的研究较少。国内贾雪峰等（2015）通过对甜菜块根品质相关元素进行主成分分析，在一定程度上体现了甜菜样品的亲缘关系和地域分布特征。通过测定若干元素含量数据，利用PCA和CA清晰地揭示了新疆甜菜不同产地的规律性和差异性。胡晓航等（2016）通过对甜菜中的氨基酸进行主成分分析，来比较不同品种的氨基酸的含量。主成分分析法能够将各个相互独立的性状，反映出原来多指标的信息，因此对于甜菜来说，为其进行引进区试的研究提供了一种新的方法。关于作物各个性状的研究进行的主成分分析已有很多报道，张庆丽等（2016）通过使用主成分分析的方法，对君迁的生长性状的指标进行分析，得到茎粗、株高和分枝数与其他性状存在显著的相关性。范小玉等（2021）通过对24个小粒花生的农艺性状和品质性状进行主成分分析，得出不同性状之间的相关性存在差异。但对甜菜产量、含糖率、产糖量这类性状进行主成分分析的报道较少。鲁兆新等（2010；2011）通过对甜菜农艺性状与产量、含糖率、产糖量进行关联度分析，得出甜菜的相对株高对甜菜产量、含糖率和产糖量的相关性很高。已见报的关于甜菜的研究仅使用一种分析方法进行分析，缺乏科学性。灰色关联度和主成分分析进行结合的方法大量应用于玉米（魏常敏，2020；魏继征，2020）品种和小麦（张凡等，2020；杨芳等，2005）品种的评价中，在糖用甜菜的适应性评价中鲜见报道。除此之外，张自强等（2019）对104份甜菜种质资源主要农艺性状进行了主成分分析，选取前6个主成分进行分析，发现株高和叶柄长等甜菜营养生长指标对甜菜生长贡献率为28.35%，维管束环数和肉质粗细等主要反映甜菜糖含量的指标贡献率为16.18%。可见不同性状对甜菜生长影响不同，而不同生态区又和其生长性状关系密切。然而，关于新疆不同生态区和甜菜生长的相关性研究还未见报道。

1.2.3 不同管带配置对作物生长发育及产量品质的影响

薛丽华等（2013）研究表明滴灌是一种向作物根区土壤补充加压水的微灌节水方法，滴灌流量小，通过输水管道准确均匀。随着节水滴灌技术的发展，滴灌不仅在果树蔬菜等作物上广泛应用，在棉花等经济作物上也大面积推广应用。在我国，通过先进的滴灌节水系统，适时适量地供给作物所需要的水量，不仅能节水而且还增加了产量，水分利用率也有所提高。膜下滴灌技术具有以下优点：增加地面温度、减少地面蒸发的作用；减少了土壤深层渗透，从而避免了水资源的浪费，最终达到了节水增产；具有优良的经济收益；减轻了农民的劳动力。在准确灌溉的同时实现了准确施肥和用药。滴灌作为一种新型节水、高效的灌溉技术，已在世界上得到广泛的应用（屈洋等，2011；Lodhi，2013），它可根据作物生长发育的需要将水分、养分持续而均匀地运送到作物根部附近，最大限度地降低土壤蒸发和水的浪费，较地面灌溉节水80%左右，增产20%~30%（Namara et al.，2005；Benavente et al.，2019）。滴灌条件下，土壤中的水分受到重力和毛管力作用下不停地向周边蔓延，所以，土壤含水量会根据距离滴灌带的远近不同而不同，加之滴灌肥料随水追施，在土壤中肥料随水而运移，从而间接影响作物的生长发育。蒋桂英等（2013）研究发现，距滴灌带由近及远，土壤含水量呈明显地下降趋势；灌水量越低（3 000 m³/hm²），水平方向土壤含水量波动越大，灌水量提高到6 000 m³/hm²以上，土壤含水量水平方向波动趋缓。近滴灌带位置土壤获得更多的水分，且土壤湿润深度较远滴灌带土壤更深。相反，因地表蒸发和植株蒸腾导致土壤水分不断耗散，在当次滴灌结束到下次滴灌开始之前，远滴灌带位置土壤较近滴灌带位置土壤水分最先耗竭，导致远滴灌带一行的作物可获得的水分远小于近滴灌带行植株，造成水分亏缺（赛力汗·赛，2019；Reyes-Calrera，2016；Li，1999）。

因此，Zhou et al.（2020）提出适当增加滴灌带数量，缩短滴灌带的供水距离，能有效缩小冬小麦行间的水肥供给差距，可以显著提高花后光合器官同化物的积累从而获得高产。不同作物滴灌带配置方式不同，得到的结果也不同，而前人对滴灌带研究在棉花方面影响做了大量的研究，王东旺等（2022）研究发现滴灌带的布设位置会影响棉花的种植模式，同时也会影响棉花根区水盐的运移及分布。白蒙（2020）研究得出棉花1膜3管种植模式在水分分布均匀度、根区水分含量和脱盐效果方面相比1膜2管均具备一定的优势。杨九刚等（2012）研究2种滴灌带布设方式下积盐区位置分析得出1膜2管4行模式更有益于棉花生长，相比1膜1管4行减少了灌水时间，减少了深层渗漏，提高了灌水效率。膜下滴灌是一种局部灌溉，可有效保持土壤水分、均匀驱离盐分，且在滴灌过程中土壤内的盐分产生了定向分布（余美等，2011；杨鹏年等，2011）。李东伟等（2018）研究表明，随着土壤湿润区由窄深型向宽浅型过渡，膜下土壤带状湿润均匀性越好，水分利用效率越高。李明思（2006）研究表明灌水量和滴头流量会影响土壤湿润体形状，随着积水区扩展，湿润区水平运移距离增大，土壤中盐分也随湿润峰向远处深处迁移，从而影响土壤中的盐分分布。汪昌树等（2016）研究得出双管布置在棉花根系层10～40 cm形成淡化脱盐区，棉花生育期内根系层土壤含盐量、土壤含水量优于单管布置。张勇（2005）在滴灌带不同配置对棉花影响的研究中发现采用1膜2带的管带配置方式有利于田间滴水和施肥分配趋于均匀，使边中行的差异缩小，但无法从根本上消除边中行的差异。李高华（2009）发现2管6行对棉花的产量及品质相对于2管4行有所提高，各项生长指标都优于2管4行。1管4行的各项生长指标都优于2管4行，但由于在后期棉花倒伏严重，导致大量的落花落铃，棉花的产量及品质相对2管4行有所下降。

农田水分输入项主要由降雨和灌溉两部分构成，而华北平原季节性降雨集中，黄真真等（2020）研究发现玉米关键生育期受强降雨影响，掩盖了不同间距下的灌溉处理引起的水分分布空间差异，使各处理的土壤水分分布更为均匀，各项数据无显著差异。现阶段多数研究结果也表明，相对于滴灌带布设间距，灌溉量与气候条件对作物生长发育与产量的影响更大。滴灌带布设参数对地下滴灌技术的应用成本及工程量影响较大，滴灌带间距的增加可以减少成本与施工量（Grabow et al.，2006；Camp et al.，1997）。60 cm、80 cm及100 cm这3种滴灌带间距对玉米生长发育及耗水特征无显著影响，同一灌溉量下土壤含水量变化趋势差异不明显，但较大的滴灌带间距可减少地下滴灌系统成本（要家威，2021）。王雪苗（2015）研究提出3行2管的铺设方式更利于玉米的生长发育和产量的增加。何海兵（2014）提出对水稻而言，由于水稻对土壤水分较其他作物敏感，且耐旱性较弱。毛管配置模式和灌溉强度对行位间个体及群体生长发育的调控效果可能会更加剧烈。为减小行位间的异速生长速率差，滴灌水稻的毛管配置间距可能较其他作物更小且维持较高的灌量。水稻在1膜4管8行配置下，可以获得更高的稻谷产量。

在小麦上的管带配置研究表明，适当增加滴灌带的数量，缩小滴灌带之间的水分供应距离，能有效缩小植株间水肥供给差距。采用1管5行的滴灌配置时，滴灌带附近1行、2行、3行小麦的生长发育基本一致，行间的株数、叶片颜色深浅、有效穗数、穗粒数及千粒重差异不大，与1管4行处理相比，增产500 kg/亩（万刚，2010）。商健等（2016）的研究得出，4种滴管带布置模式下，滴灌冬小麦的灌浆后期的灌浆速率及千粒重与不灌水处理相比均有显著提高，成熟期干物质在巧粒的分配率表现为：1管4行>1管5行>1管6行>1管3行>不灌水处理；而花后转移干物质对巧粒的贡献率表现为：1管5行>1管4行>1管6行>1管3行>不灌水处理；其研究得出1管5行最有利于滴灌冬小麦籽粒灌浆，且能显著提高花后光合器官同化物的积累，可获得高产。卢伟鹏（2020）提出灌水量相同的情况下，滴灌带间距越大，耗水量越大，水分利用效率及灌溉水利用效率越小，产量也会随之降低。前人对滴灌带研究多侧重于对棉花、玉米、小麦等作物的研究，关于甜菜滴灌管带配置方面研究少之又少，因此甜菜采用膜下滴灌，如何合理地选用滴灌带型，提高用水效率，促使甜菜向着高产、优质、高效、节水的方向协同发展显得尤为重要。

1.2.4 覆膜方式对田间水热状况及作物生长发育的影响

地膜在农业中的应用被称为是"白色革命"，对世界农业的发展起到巨大推动作用，尤其是在半干旱区的旱作农业中地膜覆盖发挥了决定性作用。地膜覆盖是农业栽培技术革命的重大进步，膜下滴灌技术是覆膜种植技术和滴灌技术的结合（Wang et al.，2011）。1955年塑料薄膜地面覆盖在日本率先得到应用，并取得了良好的效果，继而在世界范围内得到了大面积推广，我国于1978年引进地膜覆盖技术并大量推广，在旱作农业生产中取得成功。20世纪80年代后，地膜覆盖在全国大范围推广，据统计，我国地膜覆盖面积超过1 700万hm²，成为世界上地膜覆盖种植作物面积最大的国家（孔伟程，2021）。由于地膜覆盖对农林业发展的重要性，多年来众多学者对地膜覆盖的机理和功能做了大量研究报道。主要包括地膜覆盖能显著改善土壤水热条件，降低土壤水分的无效蒸发和热量散失，提高作物产量其中覆膜方式和膜色对地膜覆盖的增产效果有着一定的影响（赵德英，2013；高茂盛等，2010）。地膜覆盖栽培操作简单，覆盖后可以增温保湿，减少杂草，增加光照反射率，有利于土壤微生物生长、腐殖质转化，可以改善光照条件、抑制杂草生长，有效提高作物保苗率和缩短作物的生育期，从而使作物产量提高（Han et al.，2014）。

将干旱半干旱地区主要农作物水热特征分别论述，具体如下。

以小麦为供试作物的大田试验中，李世清等（2001）在降水量为415 mm的半干旱区地区黄绵土上进行试验，结果表明覆膜能提高耕层土壤的含水量，对2 m土层的储水量没有影响，5 cm处土壤温度呈"U"形变化。王红丽等（2011；2016）试验表明全膜覆盖增温有利于小麦拔节，在干旱的年份膜覆盖的增产和土壤水分利用效率更高，张源沛等（2003）在宁南山区进行覆膜试验，发现覆膜与露地相比，春小麦全生育期耗水量减少38.6 mm，减幅13.9%，而水分利用效率增加4.8 kg/（mm·hm²），增幅90.6%，显著高于露地处理，1 m土层的土壤储水量，播种后30 d之前，覆膜土壤储水量高于裸地，30 d后裸地高于覆膜，再持续30 d后，覆膜高于裸地，直到收获，但其研究认为裸地在小麦全生育期2 m土层土壤剖面含水量变化大于覆膜处理，其原因可能就是该试验没有起垄造成的差异。张淑芳等（2011）在甘肃定西试验表明春、秋覆膜都能改善0 ~ 40 cm的土壤含水情况，秋覆膜对150 ~ 200 cm的土壤墒情也有一定的改善，覆膜处理中的全生育期耗水量较露地平均高60.6 mm，水分利用效率较露地平均高8.2%。白有帅等（2015）在甘肃兰州进行试验，发现春小麦全生育期0 ~ 25 cm土层覆膜土壤温度比裸地高1.84℃，麦田0 ~ 200 cm土壤平均含水量，覆膜处理显著高于露地处理。侯慧芝等（2014）以春小麦陇春27号为试验材料，设置全膜覆土穴播、地膜覆盖穴播和露地穴播，试验发现全膜覆土穴播0 ~ 25 cm土层的平均地温比裸地提高1.4 ~ 3.5℃，2个覆膜处理使小麦拔节前0 ~ 200 cm土层土壤储水量分别增加33.1 mm和29.3 mm，且可促进小麦对深层水分（100 ~ 200 cm）的利用，地膜覆盖穴播可使生育期消耗的水分在休闲期得到补充，产量达1 750 ~ 3 180 kg/hm²，水分利用效率为5.5 ~ 11.5 kg/（mm·hm²），分别比裸地增加40% ~ 220%和27% ~ 239%，而且干旱年份的增加幅度更高。

在玉米为供试作物的大田试验中，地膜覆盖在玉米生育期前期可以增加土壤浅层温度，提高土壤表层含水量，为玉米的生长发育提供了良好的水热条件（张方方，2022）。刘胜尧等（2018）等在半湿润偏干旱地区试验发现春玉米生育前期覆膜比裸地增温1 ~ 3℃，土壤积温增加155.2 ~ 280.9℃，覆膜土壤供水层深达80 ~ 100 cm，水热利用效率较裸地高81.6% ~ 136.4%。解文艳等（2022）开展了覆膜春玉米种植试验，研究发现土壤表层含水量覆膜较裸地高18.7%，高翔等（2014）在黄土高原的研究也发现地膜能提高土壤含水量10.5% ~ 22.6%，覆膜阻滞土壤水分蒸发，蒸发水分在膜内凝结，使地表土壤水分大幅上升，从而改变土壤水分的分布。土壤温度在作物枝叶未生长完全之前，地膜能平均增加地温1.67℃，晴天增温2℃以上。李玉玲等（2016）在宁夏彭阳进行覆膜试验，发现0~200 cm土壤储水量覆膜处理较裸地高10%左右，0~25 cm土层覆膜土壤温度在玉米苗期较裸地增加2℃左右。

在马铃薯为供试作物的大田试验中，夏芳琴等（2014）在甘肃定西研究发现垄膜沟草覆盖在土壤表层增温2~3℃，增加播前和收获后土壤水分。汤瑛芳等（2013）采用同样的耕作覆膜方式，发现苗期日均地温较传统平作提高0.5~2.23℃，0~100 cm土壤储水量提高52.8 mm。侯慧芝等（2016）研究表明，全膜覆盖垄沟种植能显著提高马铃薯生育期土壤温度。王红丽等（2016）利用黑膜全地膜覆盖垄沟种植，结果表明覆膜增加马铃薯全生育期0~25 cm土层土壤温度1.5℃左右，全生育期耗水量覆膜与裸地平作差异不显著，连续4年地膜覆盖高产种植的0~200 cm土层土壤储水量增加了123.4 mm，产量与水分利用效率都得到一定的提高。

目前薄膜的应用不仅仅限于干旱和半干旱区，南方也较为普遍，不但是农作物应用地膜覆盖，林业应用也十分广泛，尤其是很多果园采用常年持续覆盖地膜，而且黑色薄膜应用也呈现增加趋势。如马忠明等（2011）基于大田对比试验，发现起垄覆黑膜具有很好的集雨作用，可提高旱砂田西瓜生长前期土壤水分，加快作物生长，提高作物产量及品质。张坤等（2011）在果园起垄覆黑膜，研究发现黑膜覆盖在果树生长期间能降低蒸发，较长时间的保持土壤水分和提高土壤水分的利用效率。张永旺等（2013）还探讨了果园灌溉后覆黑膜，发现覆膜处理土壤水分利用效率较裸地高44.7%，并认为覆膜是旱作苹果高效栽培的合理模式。因此地膜覆盖是有效蓄水保墒、改善上层土壤水热状况和提高作物产量的重要技术措施，同样也是干旱半干旱地区作物高产的关键栽培技术措施之一（张德奇，2005；宋秋华，2002）。

在单、双膜的效果方面，Zhao et al.（2019）、Li et al.（2021）等研究发现，与传统的单膜覆盖方式相比，双膜覆盖在甜菜生长前期具有更好的增温和保温效果，促进甜菜种子发芽和苗期生长。吴常顺等（2007）研究提出与不覆膜处理相比覆膜处理的甜菜含糖率和产量均存在明显增加，显著提高了经济效益。高卫时等（2014）研究发现，地膜覆盖能明显起到提高地温的作用，最高温度较露地提高10~15℃。双膜覆盖比单膜覆盖最高和最低温度波动幅度更小，更有利于作物的生长。双膜覆盖能明显提高甜菜种子的田间发芽率，较露地提高58.34%，较单膜提高23.34%。单膜和双膜覆盖甜菜的块根产量和含糖率较不覆膜甜菜均有不同程度增加，但与此同时覆膜较不覆膜增加了甜菜的青头比例。张婉秋等研究发现：应用双膜覆盖技术种植稻田土壤含水量逐渐增加，总氮含量在2015年和2016年分别增加100%和200%；总磷含量分别增加100%和400%；总钾含量分别增加50%和150%；有机质含量在2014年、2015年和2016年分别增加25%、50%和150%，预计4年就可以恢复到一般草原土壤的营养水平。此外，双膜覆盖技术种植水稻下铵态氮、硝态氮、有效磷和有效钾含量也在随之增加（陈世杰，2019）。在玉米（高广金等，2007）、辣椒（陈亮等，2020）、马铃薯（李浩然等，2018）等覆膜方式方面的研究均表明双膜覆盖对土壤温度、盐分、作物出苗率有积极作用，为作物的产量提供了良好的生长条件，进而促进了产量的增加。因此双膜覆盖不仅可以有效地解决新疆春季"干旱气候，昼夜温差大，天气干燥，光照时间长，雨量稀少"一系列棘手的气候问题，而且切实可行地解决了抑制土壤次生盐碱，有效的改善了植株生长发育的进度和质量，最终达到早熟、优质和高产的目的（Li et al., 2013；刘凯等，2019）。

在膜的颜色研究方面，根据前人的研究发现，不同颜色的地膜对不同波段光的接受能力不同，因此不同颜色的地膜对土壤的增温效应存在差异，地膜颜色越浅，提高土壤温度的效果越好；地膜的颜色越深，增加土壤温度的效果越差（路海东等，2017）。白地膜和黑地膜是当前农用地膜最普遍的类型，两种覆膜处理中，0～15 cm土层黑膜较白膜处理土壤水分高，15～30 cm土层白膜较黑膜处理土壤水分高，但0～150 cm土层两种覆膜无差异。膜覆盖在作物生育期土壤储水量较裸地增加60.8 mm，非生育期土壤水分损失较裸地处理少21.1 mm。覆膜缩短土壤冻融时间，白膜覆盖下土壤融解较黑膜覆盖可提前8 d，4—5月白膜增温效果最为显著，适宜早期育苗或者促进早返青的作物（吴贤忠等，2017）。张琴（2017）研究认为覆膜显著提高了土壤（0～60 cm）含水量，但白膜和黑膜对土壤水分影响差异不明显，Gan et al.（2012）研究证实覆膜条件下土壤水分对土壤热容量影响呈线性相关关系。胡明芳等（2003）研究认为，地膜覆盖最大的保温结果出现在土壤表层5～20 cm，也有研究认为，黑膜覆盖在高温时段对0～15 cm土壤存在一定降温效果，较白膜覆盖平均降低0.77℃（王硕等，2020）。有关学者提出使用黑色地膜覆盖代替传统的白色地膜覆盖，通过大量的试验研究发现，黑色地膜与白色地膜相比，透光率低，辐射热透过少（周丽娜等，2012），因此较白色地膜覆盖可以明显降低土壤温度（吴贤忠等，2018）。故黑膜覆盖可以显著增加作物农田表层土壤的温度，与白膜覆盖相比，黑膜覆盖可以在保证作物生长所需温度的同时略微降低温度，从而防止温度过高导致作物因生育期缩短造成的减产（Gan et al.，2013）。徐康乐等（2004）研究发现，相较于透明膜覆盖，黑膜覆盖的马铃薯植株茎粗及经济产量较高。与白色地膜相比，黑色地膜覆盖不仅有增温、保墒效果，且由于其透光率较低，高温季节有一定的降温效应，使得作物免遭高温危害（张琴，2017）。杨兵丽等研究提出：覆盖白膜、黑膜均能显著提高土壤水分和土壤温度，增加土壤热容量。白膜覆盖对土壤增温效应要大于黑膜覆盖的增温效应；白膜覆盖条件下土壤温度温差最大，未覆膜处理次之，黑膜覆盖处理最小（杨兵丽，2021）。与此同时，白色地膜覆盖在作物生育期中前期，会抑制杂草的生长，在作物生育期后期，适合杂草的生长，杂草的密度、干质量均大于裸露田间；黑色地膜在整个生育期中，田间均无杂草发生（王安等，2020；Sepaskhah et al.，2006）。许树宁等（2014）研究表明，不同颜色地膜对土壤增温效果不同，不同地膜覆盖处理的土壤日均温表现为普通无色透明地膜>乳白色光降解除草地膜>黑色地膜>灰黑双色地膜=露地栽培，其中，普通无色透明地膜和乳白色光降解除草地膜的土壤日均温分别比对照高0.8℃、0.7℃，黑色地膜比对照高0.3℃，灰黑双色地膜和露地栽培二者差异不显著。谢军红等（2015）认为全膜双垄白膜较黑膜更能提高地表温度，所以对于早期育苗或者需要促进早春发芽时建议采用白膜覆盖。黑膜较白膜更能提高地表水分，因此在夏季为了提高土壤水分和平抑土壤温度，防止杂草生长建议采用黑膜覆盖，这与江燕等（2014）的研究结论一致，与曹寒等（2015）的研究结论部分不一致，可能与作物生长后遮挡太阳辐射有关。研究认为，在0：00—8：00，黑膜覆盖下土壤温度普遍高于白膜覆盖，黑膜覆盖夜间保温性更好。8：00—16：00，白膜覆盖下土壤温度增加速率更快，对地温提升优于黑膜覆盖，白膜覆盖下土壤温度"峰值"的出现比黑膜早1 h左右，且温度"峰值"高出2℃左右。鉴于春季生产对温度的要求较高，建议选用白膜增加田间透光性来增加土壤温度，此外，白膜覆盖下土壤较大温差变化也有利于植株积累碳水化合物，这将有助于进一步改善作物品质（唐文雪等，2017）。黑膜覆盖的土壤不透光，白天地温回升相对较慢，因此建议使用时避开冬茬作物，在夏秋茬口选用，同时由于其夜间对土壤保温性较好，同时又具有防杂草功能（Zhang et al.，2011），建议在某些根茎类或者不耐杂草的作物栽培上使用。在黑膜全地膜覆盖垄沟种植试验中发现同样具有显著的增温保墒效果。覆盖材料对土壤温度的影响效应主要取决于覆盖材料对太阳辐射热的反射率、吸收率和透射率（赵靖丹等，2016），同时其影响也随作物对土壤遮阴率的增大而减小。

因此双膜覆盖比单膜覆盖最高和最低温度波动幅度更小，更有利于作物的生长。白膜较黑膜更能提高表层土壤温度；黑膜较白膜更能提高表层土壤水分，但黑膜与白膜均可保墒增温，延长作物生长时间。黑膜在番茄、马铃薯、棉花等作物上得到了较好的应用（Miles et al.，2021；刘红霞等，2000；Westarp et al.，2004）。但在甜菜上，不同类型地膜的应用效果尚未明确。

1.2.5 灌水量对作物生长发育的影响

水是生命之源，对经济、社会可持续发展起着重要作用。从2020年《中国水资源公报》可知，全国用水总量5 812.9亿m³，其中农业用水3 612.4亿m³，占用水总量的62.1%，我国农田灌溉水有效利用系数（0.565）明显低于世界发达国家（0.7~0.8）（张杰，2023）。中国水资源总量大，但人均水资源占有水平较低，而且时空分布不均，尤其是干旱、半干旱地区，水资源短缺已成为阻碍农业快速发展的重要限制因素。农业用水是全球淡水资源中最大的消费者，约占其70%（曹巍等，2023），但是只有不到60%灌溉水被作物有效利用。随着人口的日益增加，人们对农业的依赖与需求也逐步提升，从而有更大的农业用水需求。有限的水资源如何利用已成为一个十分严重的问题（Bu et al.，2013）。新疆是中国西北内陆的干旱区，光热资源丰富，冬夏季温差大且季节时间长，春秋季则相对较短。年平均最多日照出现在7月，最高气温也出现在7—8月，此时日照时数长，日蒸发量也相对较大，日照充沛，降水量偏少，年蒸发量是降水量的150倍，新疆水资源分布差异显著，即北疆大于南疆，西部大于东部（刘建雄等，2022）。2019年，全疆用水总量554.43亿m³，其中，农业用水量占总用水总量的92.3%，应对新疆水资源匮乏、供应不均衡问题，如何进行科学灌溉，提高水分利用率，降低灌水量，促进甜菜产业可持续发展，已成为新疆甜菜产业亟待解决的关键问题（李倩文等，2021）。通过提高水分利用效率可有效节约水资源。研究表明水分胁迫可改善田间水分利用效率（Jacobsen et al.，2012）。然而，严重的水分胁迫却降低水分利用效率（Yang et al.，2017）。水分利用效率也受其他因素的影响，如气象条件和土壤特性等（Kuscu et al.，2014）。如何有效利用水资源是当下研究热点。膜下滴灌既能提高田间水分利用效率，避免深层渗漏，减少棵间蒸发，同时又具备增温保墒作用（Zhang et al.，2017），在中国西北干旱区特别是新疆农业灌溉上得到广泛应用（李明思等，2001；刘新永等，2005）。

全球旱地面积占陆地总面积的41%，且大约84%的耕地为旱作雨养农田。水资源短缺是全球面临的一大难题，水分对作物生长至关重要，水分是限制作物生长的重要非生物因素之一，水分是矿质养分的溶剂，灌水可以改善作物对养分的吸收、提高作物的光合速率、影响植株水分代谢指标，进而提高产量。水分对作物的影响取决于降水、土壤水分减少的程度和持续时间的长度，以及作物的种类和发育阶段。植物生长过程中所必需的水分绝大部分是依靠根系从土壤中吸取的，而滴灌量的大小直接决定了土壤含水量的多少，从而使植物的生长受到一定程度的影响。作物消耗的水分主要以植株蒸腾和棵间蒸发损失，研究表明，小麦总需水量的30%~40%用于棵间蒸发，60%~70%用于植株蒸腾作用（贾殿勇，2013）。灌水对作物的生长发育和生理生化过程产生重要的影响。当降水量较少或土壤干旱时，灌水可以使植株保持正常的生长和光合作用，植株叶面积增大，叶片光合时间延长（Luo et al.，2015），同时还可消除光合作用的午休现象，合理灌水使茎叶输导组织发达，提高水分及同化物的运输速率，增强光合产物的分配利用，进而提高产量。作物栽培中，灌水量过多会造成水资源浪费，适当减少灌水量反而有利于作物产量和水分利用效率提高（Zheng et al.，2013）。通过适当控水对源强进行调控不影响作物产量的同时提高水分利用效率，例如调亏灌溉、控制性分根交替灌溉、隔沟调亏灌溉等技术在粮食作物小麦、玉米以及根茎类作物马铃薯种植上均实现了节水稳产甚至节水增产的目的。甜菜属于需水量大的藜科经济作物，甜菜根系发达，生长周期较长，全生育期耗水量大，水分成为了制约甜菜产量形成的重要因素之一（张伟等，2005；解鑫，2017），而大规模种植甜菜的甜菜产区大部分位于干旱或半干旱地区，年降水量较少且分布不均匀，水资源较为匮乏。因此需要通过科学合理的节水灌溉技术使有限的水资源得到合理利用，从而形成干旱或半干旱地区节水高效、优质高产的甜菜种植栽培模式。李智（2018）、Huang et al.（2011）研究表明，土壤的水、热状况影响作物的生长发育及产量，适宜的温度和土壤水分是作物生长发育良好的必要条件。

甜菜生长过程本身需要一定量的水分补给，才能达到相应的产量水平，土壤水分是影响甜菜块根重量的关键指标。国内外关于甜菜需水量的研究表明（Rodrigo，2010；Mevhibe et al.，2010；Ramazan et al.，2011；刘晓虹，2009；冶军等，2009），单产4.5×10^4 kg/hm^2、含糖率16%以上的甜菜总需水量为5 499~5 700 m^3/hm^2。研究表明（Morillo-Velarde，2011），甜菜种植在中欧地区，每年需要灌水量100~200 mm；在地中海一些国家每年需要灌溉300~500 mm，而在亚洲、北非和南美洲地区甜菜每年需要灌水600 mm。合理灌溉是节约用水、提高甜菜产量和质量的有效措施。Okom et al.（2017）研究了英国东部地区2021—2050年降水变化对甜菜产量的影响，根据气候模型计算得出，未来降水量可能减少16%，到2050年甜菜产量可能减少11%。甜菜适应性广，抗逆性强（Wu et al.，2016；Ober et al.，2011；Barbanti et al.，2007；Choluj et al.，2014），但水分胁迫能够显著降低甜菜的叶水势和气孔导度，从而使光合速率降低，进而影响产量（Leufen et al.，2013；Monti et al.，2007；Monti et al.，2006）。冯泽洋等（2017）研究表明，滴灌甜菜在叶丛快速生长期和块根及糖分增长期，调亏灌溉有利于甜菜产量和质量的提高。尤其在甜菜糖分积累期，减少灌水量有利于甜菜提高含糖率。甜菜产量随灌水量适当的增加而增加，而含糖率随灌水量的增加而降低，甜菜产量和质量受灌溉水平的影响较大（李阳阳等，2017）。研究表明，当甜菜耗水量从1 000 mm下降到725 mm和655 mm时，产糖量分别下降16.6%和39.7%。但适度的水分亏缺不影响甜菜产量同时提高水分利用效率，主要在于适度水分亏缺可促进甜菜根系对深层土壤水分的吸收，提高根尖吸水能力，增加根冠比（Salvatore et al.，2003）；而土壤水分过多则会降低甜菜含糖率，特别是生育后期土壤水分对含糖率的影响尤为明显。土壤水分对作物产量的影响不仅取决于土壤水分减少的程度、持续时间的长度以及作物的种类和发育阶段，还与灌水量有关，Kiymaz et al.（2015）提出适当减少甜菜灌水量可以提高水分利用效率。Franks et al.（2007）在半干旱气候条件下试验表明，甜菜最适宜的需水量为6 898 m³/hm²，在此灌水量下甜菜可以达到较高的水分利用率及产量。灌水量的增加有利于干物质的积累，可以显著增加甜菜产量，在适宜灌溉量范围内，灌水量越大，甜菜干物质积累量越高。但是灌水量的增加不仅不利于甜菜糖分的积累，同时还会增加甜菜青头比（董心久，2018）。李智（2018）通过不同灌水试验表明，甜菜叶面积指数、干物质积累量、净光合速率和气孔导度均随灌水量增加而增加，且水分不仅影响作物的株高、叶面积指数等生长指标，同时还会影响作物的光合生理指标，净光合速率、蒸腾速率、气孔导度等。缺水引起活性氧和羟自由基积累损害光合膜，继而影响整个光合作用过程，降低作物叶片净光合速率、蒸腾速率以及叶绿素含量（吴自明，2013）。裴东等（2006）研究表明，缺水显著降低小麦光合速率并迫使峰值提前出现。马铃薯叶片净光合速率、蒸腾速率、气孔导度及产量随缺水程度增加而降低（王婷等，2010）。甜菜群体光合作用受土壤水分影响显著，在一定范围内，水分条件越好，甜菜营养生长旺盛，光合速率越高。缺水后甜菜群体光合作用明显受到抑制，光合能力减弱，净光合强度降低（冯泽洋等，2017）。不同作物上的研究发现，适宜增加滴灌量不仅可以提高冬小麦干物质的积累速率和干物质的积累量，还能有效促进干物质向籽粒转运（杨晓亚，2008；雷钧杰，2017）。李升东等（2011）表明随着灌水量的增加，小麦旗叶光合速率气孔导度和胞间CO_2浓度也增加；蒸腾速率与供水量呈显著正相关。蒸腾速率、净光合速率和水分利用效率之间相关关系同样达到显著（侯振安等，1999）。在一定范围内，灌水量越高，甜菜生长旺盛，光合速率越高。缺水会造成甜菜群体光合作用受到明显抑制，光合能力减弱，净光合强度降低（李智等，2015；谭念童等，2011）。甜菜生产中如何使水分作用发挥最大化，提高甜菜的水分利用效率，是亟待解决的问题。

1.2.6 施氮量对作物生长与土壤养分的影响

在自然的生态循环中，植物在衰老死亡后可以通过微生物分解将体内氮素等营养元素返还给土壤。在农业生产中，由于树木被采伐或农作物收获会使大量氮素不能返还给土壤，如果不能补充土壤中氮素供应将使下茬作物面临缺少氮素供应的土壤环境（Herrera et al.，2017；Renne et al.，2019）。因此氮肥可以维持土壤的氮素平衡并为植物提供充足的氮素供应来保证作物高产。甜菜生长过程中，氮作为肥料三元素之首，对其生长发育有极其重要的作用，甜菜的施肥量较大，且需肥时期也相对较长（Macedo et al.，2020；Vinicius da Silva et al.，2021；Zhou et al.，2017；孙海艳等，2021）。施氮肥增产的主要原因是氮肥能改善光合性能，施氮水平会极大影响叶片的光合能力（吕鹏等，2013；张亚琦，2014；张彦群等，2015）。光合作用是甜菜块根产糖量形成的重要影响因素，在甜菜块根产量中，有机质90%～95%是由光合作用所固定并转化的。

氮肥供应充足时，作物枝繁叶茂，分枝能力强，果实中蛋白质含量较高。而当作物缺氮时，蛋白质、核酸和磷脂合成受阻，植株矮小，叶片薄而且小，多数作物表现缺绿症状，植株叶片发黄或者黄褐色，老叶首先变黄，嫩叶受影响较小，因为氮的移动性大，老叶中氮分解后，氮可以转移到嫩叶中重复利用。缺氮影响作物光合作用，最终导致产量下降。当氮素过量时，植株叶片大而深绿，造成徒长，茎秆中机械组织较弱，植株易倒伏，而且容易被病虫侵害。陈杰（2004）研究表明，从生态、经济和效益综合考虑，水稻在当前施氮水平下减少30%施氮量是可行的。因此，适宜的氮肥投入是作物获得高产和优质的前提，且不同作物对氮肥的利用效率也不一样，研究表明，在氮供应量相同和获得相同产量时，大麦氮肥利用效率要高于小麦（Albrizion et al.，2010）。氮能够促进新梢生长，增大叶面积，增加叶片厚度，增加叶片内的叶绿素含量，提高光合效能，而叶片的生长情况在很大程度上影响了糖分在块根中的形成和积累（武俊英等，2016）。Laufer et al.（2016）证明了过多施用氮素降低甜菜含糖率和品质，并通过研究得出，施氮增加根头比例，氮的用量与甜菜青头呈正相关。施氮使块根中杂质含量增加。Hoffmann（2011）研究表明，甜菜块根干物质占总重的23%～24%，其中糖分占干物质的75%，20%为不溶性细胞壁化合物（即榨渣），5%为可溶性无糖成分。在甜菜生育早期，当无糖化合物在根中浓度较高时，糖最初在根尖形成，储存在甜菜形成层环之间的薄壁组织中。在细胞液泡中蔗糖取代K^+和Na^+，所以蔗糖含量与K^+含量成反比。施氮过量，会增加甜菜榨糖中的杂质K^+、Na^+和α-氨基酸的含量，使含糖率下降。施氮量要根据甜菜生长需求、土壤中提供的氮素以及土壤中可利用的硝态氮等因素决定。要想提高氮肥利用率，氮吸收利用应该在甜菜生育前期，在收获前4～6周土壤中没有多余的氮，尤其在收获期，土壤中可利用氮较低有利于蔗糖的合成。目前，有学者利用甜菜叶片SPAD值进行氮素营养诊断（王秋红等，2015；杨荣超等，2017），二者呈显著正相关关系；也有学者通过不同施氮量对甜菜叶丛归一化植被指数（Normalized Difference Vegetation Index，NDVI）值的影响（Bu et al.，2016）以及通过遥感技术（Bu et al.，2017；张珏等，2018）来监测氮素，甚至预测甜菜产量，但在生产实践中应用起来比较困难。氮肥的施用使甜菜块根产量得以大幅度提高，氮素对于甜菜获得高产有良好的作用，只有适宜的施氮量才能获得较高的经济效益。甜菜块根产量和含糖率受氮素影响较大，不同地区、不同气候条件甜菜需氮量也不同，朱向明等（2016）研究表明，甜菜最适施氮量在80～160 kg/hm²。苏继霞等（2016）研究表明，甜菜在叶丛快速生长期、块根及糖分增长期和糖分积累期氮肥追施比例为5∶3∶2时，获得经济效益最高。而杜永成等（2012）研究表明，氮120 kg/hm²水平下甜菜产糖量最高，合理的氮素运筹，有利于甜菜块根及糖分增长期生长中心的转移，还能使植株后期脱肥延迟。2010—2014年，欧洲中部地区甜菜平均施氮量为137.4 kg/hm²。甜菜产糖量从2010年的12.5 t/hm²到2014年的15.4 t/hm²，5年之间产糖量增加了23.2%（Trimpler et al.，2017）。总体而言，适当减少施氮量，更有利于甜菜产量和质量的提高。

氮还是植物细胞蛋白质的主要成分，也是核酸、叶绿素、维生素、酶和辅酶系统、激素以及许多重要代谢有机化合物的组成部分，可协调植物生长发育中氮、碳代谢过程（Trzebinski，1990）。刘宁宁等（2020）研究了施肥对甜菜养分吸收规律的影响，结果表明，施肥有助于甜菜养分积累量的提高，然而，不同养分达到积累量最大值所用的时间不同。米国华研究了不同施氮量对氮、磷、钾吸收配的影响，结果表明，在一定的施氮量范围内，施氮量的增加，可以显著增加植株的氮、磷、钾积累量；增加叶片、叶柄和块根中的氮、磷、钾积累量和百分含量，叶片和叶柄的增幅显著大于块根。国外有关甜菜氮素吸收规律的研究表明，甜菜氮代谢最旺盛的时期是生育前期，各器官含氮量均以苗期最高，其叶、叶柄、根含量分别为4%、3%、2%左右（米国华，2007）。随着生育进程，氮代谢逐渐减弱，叶、叶柄、根含氮量分别3%、1%、0.5%左右。氮肥在作物的生长中起着至关重要的作用，合理施用氮肥尤为重要。据统计，全球主要肥料氮、磷和钾每年的消耗量从1960年的3 000万t到1990年的1.43亿t，到2008年达到1.7亿t。2006—2015年中国每年氮肥用量呈阶梯式增长，增长速度惊人，十年之间增加了13.49%。生产中，农户为了追求作物高产，氮肥的用量逐年增加，这不仅造成地下水污染（Marinov et al.，2014），而且严重影响农产品的质量。甜菜吸收土壤中的养分，全靠发达的根系。甜菜根向地下可以伸长达2 m，根系主要分布在耕层15～50 cm，发达的根系和根毛可以增加土壤与根系的接触面积，有利于营养元素的吸收。甜菜是需氮肥较多的作物（Stevanato et al.，2015），适量的氮肥有利于甜菜生育前期地上部生长，为甜菜块根增长和糖分积累提供充足的"源"（张梅等，2016），曹禹等（2016）研究表明，氮磷钾中氮肥对甜菜产量贡献率最大，但生产实践中，农民为了增加产量，大量施用氮肥，造成甜菜产量和质量下降。我国是世界化肥生产和消费的大国，提高化肥利用率、改变农业生产方式以及提高农业综合生产能力，是我国农业可持续发展的重要问题（黄高强等，2013）。随着化肥产业的发展和农民对化肥增产效果依赖程度的提高，我国化肥的施用量逐年增加，但单位肥料投入与作物产量的产投比反而下降（付浩然等，2020）。近年来，我国氮肥施用量快速增加，同时我国氮肥利用也随之出现施用量大、氮肥利用率低、土壤面源污染等问题。有研究表明，不正确的施肥方式会造成生产投入加大，效益降低，从而影响资源的合理利用，同时，过量的氮肥施入农田生态系统会随径流、淋溶或者氨挥发等方式损失，这不仅会造成养分流失，也会污染水体与土壤环境（张晓楠等，2019）。目前，我国各个地方氮肥的过量使用及氮素的大量流失问题极其严重，氮肥的施用量越来越高，久居不下，占全球总量30%，但是氮素的利用率却极为低下，仅仅不到50%，也就意味着有一大半的氮肥流失了（李兆君等，2011），并且氮肥的不合理施用将会造成两种后果：一是氮肥施用量过低，导致作物产量较低，不能发挥品种、灌溉等其他农艺措施的增产效果；二是氮肥施用量过高，导致产量不再增加或有所下降，但对环境会造成进一步污染（蔡昆争等，2006）。合理的氮肥运筹方式是甜菜种植过程中高产高糖的关键，同时还可减少氮肥的浪费和氮肥对环境的污染、降低肥料成本、从而获得较高经济效益（马忠明等，2015；Liu et al.，2013）。因此，在确定甜菜施氮肥时，既要考虑增加根产量，又要注意含糖率，以达到高产、优质、高效的目的。

1.3 研究内容与方法及技术路线

1.3.1 研究内容

本研究前期调查研究发现，新疆甜菜种植区甜菜种植肥料费用与灌水费用总和在甜菜种植总成本中占比15%～20%。甜菜是需水肥较多的作物，但过多的水肥投入并不能使甜菜产量与质量的同步增长，而水肥合理投入不仅可以保证甜菜的稳产甚至增产，还可以提高甜菜含糖率，同时肥料的过度施用同样存在一系列问题。而滴灌带费用与覆膜费用虽在成本费用中占比较低，但其对甜菜生长影响较大，因此本研究从新疆甜菜种植所面临的实际问题出发，设置大田试验与盆栽试验；大田试验旨在筛选出适合新疆甜菜种植的管带配置、覆膜方式以及在更适宜的栽培方式前提下减少灌水量；盆栽试验旨在明确甜菜对氮的吸收代谢特性及调控效应，结合田间试验验证施氮量对甜菜生长发育及产量品质的影响。探索最适宜新疆甜菜种植区的甜菜种植品种、施氮量、管带配置方式以及覆膜方式与灌水量，形成最适合新疆地区的甜菜栽培模式，提高水肥利用率，促使甜菜向着高产、优质、高效、节水的方向发展。该研究的主要内容包括以下几个方面。

一是不同生态区最适甜菜品种的筛选。

二是不同管带配置及覆膜方式对甜菜生长发育及产量品质的影响。

三是不同灌水量对甜菜生长发育及产量品质的影响。

四是不同施氮量对甜菜生长发育及产量品质的影响。

1.3.2 研究方法

采用大田滴灌试验与盆栽试验，在甜菜上开展相关研究，用双因素随机区组与单因素随机区组相结合的方法进行试验设计，把田间试验、盆栽试验与室内分析相结合，系统地研究了管带配置、覆膜方式、滴灌量、施氮量对甜菜相关指标的影响。具体方法见各章"材料与方法"。

1.3.3 技术路线（图1-1）

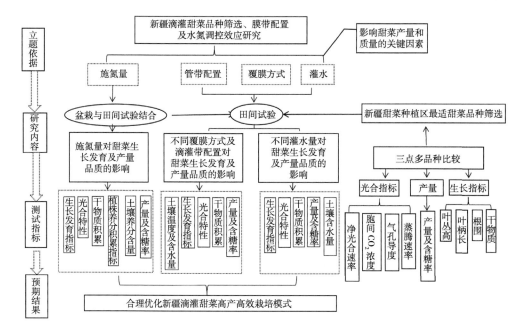

图1-1 技术线路

第2章

新疆不同生态区甜菜的生态适应性和最适品种的筛选

种质资源是我国科研和育种的重要物质基础，我国甜菜种质资源数量少，类型单一，若只关注于现有种质资源的利用，对于优质甜菜品种的应用将缺乏推动作用。针对生态区进行甜菜品种的选育，对促进我国甜菜产业的发展，实现甜菜产业可持续发展具有极其重要意义；由于不同生态地区气候差异较大，对甜菜品质影响较大，哪些农艺性状和甜菜产量及含糖率关系密切，不同生态区的限制因素是否相同，同一生态区产量和含糖率的限制因素是否一致等问题还没有系统研究，而根据农艺性状进行种质的评价与筛选有利于亲本的选配以及种质的改良。因此，不同生态区甜菜农艺性状进行深入研究对促进甜菜在新疆地区推广种植，意义重大。因此，开展不同生态区和甜菜生长的相关性研究及筛选适应性强的优质品种应该受到广泛重视。

2.1 材料与方法

2.1.1 材料

供试材料为20个甜菜品种，其中6个为国产自育品种，14个为国外公司品种，均由国家糖料产业技术体系提供（表2-1）。

表2-1 供试品种名称及来源

序号	品种名称	来源	序号	品种名称	来源
1	KWS9968	德国KWS公司	11	HI0936	先正达（中国）投资有限公司
2	KWS5599	德国KWS公司	12	BTS8430	美国BETASED公司
3	KWS6637	德国KWS公司	13	BTS8935	美国BETASED公司
4	KWS6661	德国KWS公司	14	BTS3740	美国BETASED公司
5	ST13789	德国斯特儒博有限公司	15	Beta379	美国BETASED公司
6	ST13606	德国斯特儒博有限公司	16	XJT9919	新疆农业科学院
7	ST13212	德国斯特儒博有限公司	17	STD0903	石河子农业科学研究院
8	ST147109	德国斯特儒博有限公司	18	LS2003	莱恩种业
9	HDTD02	中国农业科学院甜菜研究所	19	NT92045	内蒙古自治区农牧业科学院
10	HDTD01	中国农业科学院甜菜研究所	20	NT92085	内蒙古自治区农牧业科学院

2.1.2 试验地点及主要气象因子

本试验于2020年进行，共设置3个试验点，分别为昌吉回族自治州（昌吉）、石河子市和伊犁哈萨克自治州（伊犁），均位于新疆。其中昌吉试验点地处天山北麓，准噶尔盆地东南缘，地势南高北低，由东南向西北倾斜，属中温带区，为典型的大陆性干旱气候；石河子试验点地处天山北麓中段，准噶尔盆地南部；伊犁试验点地处新疆天山北部的伊犁河谷内，属温带大陆性气候和高山气候（表2-2）。

试验采用膜下滴灌等行距种植模式，每个品种为一个小区，小区为2膜4行，行长为5.0 m，宽为4.0 m，行距0.5 m，株距为0.18 cm，小区面积10 m²。4次重复，随机排列，试验田管理水平同大田生产一致。

表2-2 不同研究区域甜菜生育期的气象概况

地区	月份	平均高温（℃）	平均低温（℃）	降水量（mm）
	5	26	12	11.6
昌吉	6	28	15	76.8
	7	32	19	13.1

（续表）

地区	月份	平均高温（℃）	平均低温（℃）	降水量（mm）
昌吉	8	29	17	53.6
	9	26	12	32.7
	10	12	3	31.8
石河子	5	27	13	6.4
	6	27	16	172.2
	7	32	19	52.8
	8	29	16	49.6
	9	25	11	29.6
	10	12	0	0.8
伊犁	5	24	12	43.8
	6	27	14	164.1
	7	31	17	37.4
	8	28	15	29.6
	9	23	11	5.0
	10	11	2	19.9

2.1.3　测定指标和统计方法

2.1.3.1　测定指标

在甜菜生长后期即糖分积累期测定各项指标。

植株干物质积累量：每个处理选取长势一致具有代表性的甜菜5株，带回实验室将植株分为叶片、茎和根，使用电子称称重并用软尺测量甜菜根围，分别装袋置于105℃烘箱中杀青30 min，后80℃烘至恒重，使用电子天平称重（精准度为0.01 g）。

光合特性：选择晴朗无云的天气并于10：00—12：00检测，各处理选取3株长势一致的植株，每株选取倒四叶叶片用CIRAS-3便携式光合仪（PP systems，USA）在田间活体测定甜菜叶片的净光合速率（Pn）、蒸腾速率（Tr）、气孔导度（Gs）和胞间CO_2浓度（Ci）。

其他生长指标：对每处理选取长势一致的甜菜5株，用直尺测量甜菜叶丛高度和叶柄长度。

2.1.3.2 适定性参数法

适定性参数以*AP*表示，计算公式如下。

$$AP = S_i / \bar{S} \qquad\qquad （1）$$

式中，S_i为第i个品种某个性状的标准差；$\bar{S}$为所有品种该性状的标准差。$AP<1$，表明i品种的该性状比较稳定（杨吉顺等，2010）。

2.1.3.3 变异系数法

变异系数*CV*的计算公式如下。

$$CV（\%）=（S_i / \bar{X}_i）\times 100 \qquad\qquad （2）$$

式中，$\bar{X}_i$为第i个品种某个性状的平均值。*CV*变异系数越小，表明i品种的该性状越稳定。

2.1.3.4 主成分分析法

对农艺性状各原始变量（x_1，x_2，…，x_{12}）进行主成分分析，提取前m个主成分（y_1，y_2，…，y_m），其方差分别为λ_1，λ_2，…，λ_m，以每个主成分y的贡献率$a_i = \lambda_i / \sum_{i=1}^{p} \lambda_i$为权数，构建综合评价模型$F=a_1y_1+a_2y_2+\cdots+amym$，计算出每个品种在不同试点的综合得分，依据得分多少对试品种进行综合评价（张娜等，2014；Bandyopadhyay et al.，2010）。

2.1.4 数据处理

试验数据采用Microsoft Excel 2007和SPSS 19.0进行统计和分析。

2.2 结果与分析

2.2.1 甜菜品种光合性状差异性

2.2.1.1 不同甜菜品种多点试验方差分析

对20个甜菜品种在3个不同试验点光合性状进行了联合方差分析（表2-3）。结果显示，光合速率、气孔导度和蒸腾速率在品种、地点、品种与地点互作间均差异显著，而胞间CO_2浓度在地点和品种与地点互作间差异显著。说明甜菜光合性状差异和品种及地点有很大关系，应对不同品种及不同地点间的光合性状进行进一步的检测分析。

表2-3 甜菜光合性状多品种多点联合方差分析

农艺性状	分析参数	平方和	自由度	均方	F值	P值
光合速率	品种	596.6	19	31.4	14.3	$P<0.001^{***}$
	地点	636.3	2	318.2	221.2	$P<0.001^{***}$
	品种×地点	634.1	38	16.7	7.6	$P<0.001^{***}$
气孔导度	品种	413 551.2	19	21 766.3	42.7	$P<0.001^{***}$
	地点	140 323.4	2	70 162.1	48.8	$P<0.001^{**}$
	品种×地点	299 691.2	38	7 887.0	15.5	$P<0.001^{***}$
胞间CO_2浓度	品种	43.9	19	2.3	1.6	$P>0.05^{ns}$
	地点	575.5	2	287.8	104.8	$P<0.001^{***}$
	品种×地点	145.4	38	3.8	2.6	$P<0.001^{***}$
蒸腾速率	品种	101 302.3	19	5 332.2	12.0	$P<0.001^{***}$
	地点	75 075.4	2	37 538.0	167.1	$P<0.001^{***}$
	品种×地点	122 060.2	38	3 212.1	7.3	$P<0.001^{***}$

注：*表示在5%水平上差异显著，**表示在1%水平上差异显著，***表示在0.1%水平上差异显著，ns表示差异不显著。下同。

2.2.1.2 甜菜不同品种及不同地区光合性状差异性

试验选取的20份甜菜品种生长差异较大［图2-1（a）］，不同甜菜品种的净光合速率、气孔导度和胞间CO_2浓度均存在差异。其中，品种ST13606的净光合速率最高为20.6 μmol/（m^2·s），HI0936的净光合速率最低为4.2 μmol/（m^2·s），较ST13606减少了79.6%；KWS9968气孔导度最高为471 mmol/（m^2·s），NT92045气孔导度最低为218 mmol/（m^2·s），较KWS9968减少了53.7%；XJT9919胞间CO_2浓度最高为493 μmol/mol，HDTD01最低为177 μmol/mol，较XJT9919减少了64.1%；各品种蒸腾速率之间无显著差异。

不同试验点下参试品种光合性状差异较大［图2-1（b）］，其中伊犁试点参试品种的净光合速率、气孔导度和胞间CO_2浓度最高，分别为13.3 μmol/（m^2·s）、357.6 mmol/（m^2·s）和308.6 μmol/mol；昌吉和石河子试验点参试品种的净光合速率分别为8.8 μmol/（m^2·s）和10.1 μmol/（m^2·s），较伊犁试验点分别减少了33.8%和24.1%；昌吉试验点参试品种的蒸腾速率最高为10.8 mmol/（m^2·s），伊犁试验点参试品种的蒸腾速率为6.1 mmol/（m^2·s），较昌吉试验点减少了43.5%。可见参试品种在伊犁试验点有相对较好的光合优势。

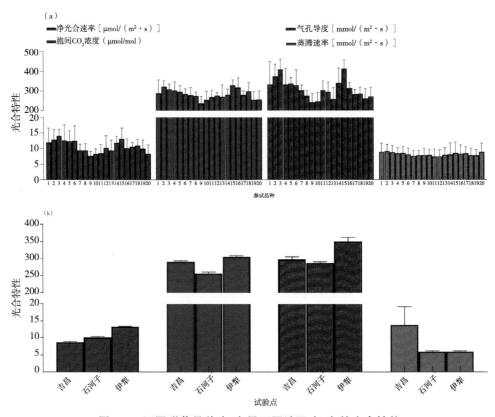

图2-1　不同甜菜品种（a）及不同地区（b）的光合性状

注：图（a）中序号表示品种名称，详请见表2-1。

2.2.2　甜菜农艺性状的差异性

2.2.2.1　不同甜菜品种多点试验联合方差分析

对20个甜菜品种在3个不同试验点的农艺性状进行了联合方差分析（表2-4）。结果发现，根围、含糖率在地点、品种与地点互作间存在差异，其余农艺性状在品种、地点、品种与地点互作间均存在差异。说明甜菜农艺性状差异和品种及地点都有很大关系，应对不同品种及不同地点间的农艺性状进行进一步的检测分析。

表2-4　甜菜农艺性状多品种多点联合方差分析

农艺性状	分析参数	平方和	自由度	均方	F值	P值
叶柄长（cm）	品种	1 599.1	19	84.2	3.5	$0.001 < P < 0.05$**
	地点	33 318.3	2	16 659.0	327.3	$P<0.001$***
	品种×地点	2 339.1	38	61.6	2.6	$P<0.001$***
根围（cm）	品种	654.5	19	34.5	2.1	$P > 0.05$ns
	地点	2 921.0	2	1 461.3	60.4	$P<0.001$***
	品种×地点	1 448.3	38	38.1	2.3	$P<0.001$***
单根重（g）	品种	7.4	19	0.4	5.5	$P<0.001$**
	地点	17.1	2	8.5	85.3	$P<0.001$***
	品种×地点	8.1	38	0.2	3.0	$P<0.001$***
株高（cm）	品种	2 098.0	19	110.4	5.2	$0.001 < P < 0.05$*
	地点	27 351.0	2	13 676.3	564.9	$P<0.001$***
	品种×地点	4 000.0	38	105.3	5.0	$P<0.001$***
地上干物质积累量（g）	品种	40 632.1	19	2 139.1	12.1	$P<0.001$***
	地点	49 081.0	2	24 540.2	96.7	$P<0.001$***
	品种×地点	54 769.3	38	1 441.3	8.1	$P<0.001$***
地下干物质积累量（g）	品种	117 724.2	19	6 196.1	18.7	$P<0.001$***
	地点	53 465.1	2	26 732.0	137.7	$P<0.001$***
	品种×地点	91 747.1	38	2 414.1	7.3	$P<0.001$***
含糖率（%）	品种	26.1	19	1.4	2.7	$P > 0.05$ns
	地点	24.3	2	12.1	467	$P<0.001$**
	品种×地点	31.9	38	0.8	1.7	$0.001 < P < 0.05$*

（续表）

农艺性状	分析参数	平方和	自由度	均方	F值	P值
	品种	67.3	19	3.5	23.2	$P<0.001$***
产量（kg）	地点	391.5	2	195.8	1 398.1	$P<0.001$***
	品种×地点	70.5	38	1.9	12.1	$P<0.001$***

2.2.2.2　不同甜菜品种农艺性状差异性

不同甜菜参试品种农艺性状差异较大（表2-5），其中参试品种间地上部干物质积累量与地下部干物质积累量差异显著（$P<0.05$），而参试品种间叶柄长、根围、单根重、株高、含糖量及产量均差异不显著。叶柄长平均值为39.92 cm，品种HI0936叶柄最长为45.74 cm，其适应性参数（AP）<1，KWS9968、KWS5599、BTS8935适应性参数较小，KWS5599变异系数最小。根围平均值为41.33 cm，品种LS2003最高为44.72 cm，稳定性参数为1.09，KWS9968、KWS5599、ST13789适应性参数（AP）<1，相对较稳定，ST13789变异系数最小。单根重平均值为1.52 kg，Beta379最大为1.88 kg，KWS9968、KWS6637、XJT9919适定性参数较小，XJT9919变异系数最小。株高平均值为68.57 cm，HI0936最高为75.57，KWS9968、BTS8430适定性参数较小，KWS9968变异系数最小。各品间地上部干物质积累量存在差异，平均值为94.23 g，品种HI0936最高为120.10 g，适应性参数（AP）<1，STD0903变异系数最小，也较稳定。品种Beta379地下部干物质积累量、含糖量和产量均为最高，变异系数分别为0.71、1.05和0.68，相对处于较稳定状态，可见该品种在产量和含糖量方面处于优势品种；KWS9968、KWS5599、KWS6637、KWS6661产量也相对较高，KWS9968、ST13606含糖量较高，也是稳定性较高品种（表2-6和表2-7）。

研究表明，不同生态区农艺性状差异显著（表2-8），其中昌吉试验点参试品种平均产量最高为106 828.05 kg/hm²，石河子试验点次之，为86 874.75 kg/hm²，伊犁试验点最低，为69 630.00 kg/hm²，且试点之间差异显著（$P<0.05$）。昌吉试验点甜菜平均含糖率最高为10.57%，石河子和伊犁地区分别为8.93%和6.96%，与昌吉地区存在显著差异。总体来看，昌吉地区甜菜的农艺性状、产量和含糖率均高于石河子地区和伊犁地区，并且甜菜产量和含糖率变异系数均<1，说明该试验点更有利于甜菜的种植推广（表2-9）。

表2-5　不同甜菜品种农艺性状差异性

品种	分析参数	叶柄长（cm）	根围（cm）	单根重（kg）	株高（cm）	产量（kg/hm²）	含糖率（%）	地上干物质积累量（g）	地下干物质积累量（g）
KWS9968	M	43.43±12.52 a	40.53±2.88 a	1.66±0.25 a	72.14±6.98 a	88 600.35±1.30 a	15.11±0.66 a	106.15±22.71 ab	236.52±24.44 abc
	RV	21.4~61.0	21.4~61.0	1.4~2.1	59.8~85.0	58 900.4~100 600.5	14.0~15.8	71.8~140.0	203.6~264.0
KWS5599	M	42.64±10.68 a	41.22±4.38 a	1.23±0.29 a	70.24±10.09 a	96 600.00±1.71 a	14.25±0.79 a	99.77±26.41 ab	263.29±11.02 ab
	RV	23.9~56.5	23.9~56.5	0.7~1.7	56.6~83.5	66 700.4~113 800.5	12.7~15.2	65.0~152.0	241.0~281.3
KWS6637	M	38.56±13.53 a	40.83±3.98 a	1.31±0.26 a	67.53±14.29 a	95 100.45±2.26 a	14.04±0.95 a	108.87±33.61 ab	257.92±24.35 abc
	RV	18.7~56.0	18.7~56.0	1.0~1.8	46.1~87.0	64 700.3~114 800.6	12.5~15.1	55.0~144.0	209.0~283.1
KWS6661	M	42.10±16.94 a	40.05±5.44 a	1.27±0.38 a	69.73±14.55 a	94 800.45±1.57 a	14.82±0.50 a	104.71±39.17 ab	243.48±27.56 abc
	RV	18.6~60.0	18.6~60.0	0.6~1.8	44.5~85.0	73 600.4~113 400.6	14.2~15.7	46.0~163.0	188.9~274.0
ST13789	M	42.90±16.81 a	40.61±6.29 a	1.52±0.56 a	67.78±16.42 a	93 200.40±1.57 a	14.94±0.57 a	91.51±28.36 ab	234.44±22.39 abc
	RV	17.5~60.0	17.5~60.0	0.8~2.1	46.1~88.0	72 600.3~112 200.6	14.2~16.0	55.0~135.0	206.0~276.9
ST13606	M	41.71±19.51 a	38.22±3.45 a	1.13±0.24a	69.95±19.79 a	87 400.50±1.49 a	15.02±1.28 a	98.95±45.23 ab	220.58±27.04 abc
	RV	15.6~66.0	15.6~66.0	0.8~1.5	41.4~92.0	70 700.4~106 400.6	13.5~17.0	48.0~169.9	185.0~265.1
ST13212	M	40.20±17.39 a	42.77±11.12 a	1.69±0.74 a	69.45±21.82 a	88 700.4±1.62 a	14.6±0.84 a	104.63±38.43 ab	209.95±24.07 abc
	RV	14.6~59.0	14.6~59.0	1.0~2.8	36.8~91.0	68 200.4~107 800.5	13.1~15.4	55.0~159.3	170.0~237.1
ST147109	M	36.57±14.24 a	40.11±3.89 a	1.32±0.31 a	63.03±18.44 a	81 400.35±1.63 a	14.10±0.56 a	80.05±19.13 ab	193.40±20.06 cd
	RV	15.9~53.0	15.9~53.0	0.9~1.8	36.4~78.0	64 000.4~102 800.6	13.2~15.0	49.0~106.0	157.0~225.7

（续表）

品种	分析参数	叶柄长 （cm）	根围 （cm）	单根重 （kg）	株高 （cm）	产量 （kg/hm²）	含糖率 （%）	地上干物质积累量 （g）	地下干物质积累量 （g）
HDTD02	M	38.28±16.33 a	42.17±7.71 a	1.83±0.65 a	67.5±17.61 a	77 400.45±1.78 a	14.60±0.96 a	69.67±15.21 b	175.88±29.78 d
	RV	14.6~56.0	14.6~56.0	1.1~3.1	42.7~83.0	58 900.4~100 200.5	13.4~16.0	47.0~94.5	146.0~228.8
HDTD01	M	35.97±13.85 a	37.611±5.67 a	1.59±0.51 a	64.06±14.15 a	81 400.35±1.83 a	14.95±1.08 a	69.97±27.34 b	190.6±43.05 abc
	RV	14.7~52.0	14.7~52.0	0.7~2.2	44.0~78.0	65 400.3~107 800.5	13.3~16.0	42.3~133.2	149.0~261.8
HI0936	M	45.74±14.15 a	40.05±7.10 a	1.42±0.39 a	75.58±11.84 a	87 000.45±1.59 a	14.18±0.70 a	120.09±21.80 a	229.11±32.56 abc
	RV	23.40~63.00	23.4~63.0	0.9~2.0	60.0~88.5	66 400.4~102 800.6	13.3~15.7	83.0~153.1	173.0~276.0
BTS8430	M	40.58±14.63 a	42.22±6.03 a	1.63±0.39 a	73.00±8.25 a	87 700.35±1.34 a	14.46±0.86 a	101.38±16.62 ab	211.87±25.97 cd
	RV	19.4~57.0	19.4~57.0	1.1~2.1	61.2~82.0	72 400.4~107 200.5	13.3~15.5	81.0~130.0	185.0~259.7
BTS8935	M	38.12±13.15 a	42.77±8.79 a	1.71±0.62 a	70.26±10.70 a	81 500.4±2.44 a	14.07±0.89 a	95.0±18.56 ab	191.34±63.77 abc
	RV	19.2~53.0	19.2~53.0	1.1~2.7	57.8~87.0	62 700.3~118 200.6	13.0~15.5	64.0~117.8	113.0~283.1
BTS3740	M	32.96±15.27 a	39.50±6.84 a	1.50±0.56 a	64.87±9.68 a	89 300.40±1.78 a	14.05±0.87 a	75.61±12.14ab	210.45±49.21 abc
	RV	10.0~50.0	10.0~50.0	0.8~2.4	46.7~79.0	73 100.4~117 600.6	12.9~15.8	52.0~88.9	158.0~282.1
Beta379	M	42.11±18.02 a	43.40±6.18 a	1.88±0.32 a	68.98±16.73 a	102 000.45±1.82 a	15.19±0.60 a	117.47±45.55 a	266.63±21.17 a
	RV	19.2~65.0	19.2~65.0	1.4~2.4	44.8~90.5	76 400.4~121 000.7	14.2~16.2	56.0~164.8	243.0~311.7
XJT9919	M	39.11±15.12 a	43.11±4.43 a	1.67±0.20 a	67.07±12.41 a	91 600.50±2.18 a	14.73±0.83 a	79.54±14.85 ab	61±52.93 abc
	RV	20.0~62.0	20.0~62.0	1.4~2.0	51.2~85.0	70 300.4~121 400.7	13.4~16.0	57.0~98.1	186.0~312.4

（续表）

品种	分析参数	叶柄长（cm）	根围（cm）	单根重（kg）	株高（cm）	产量（kg/hm²）	含糖率（%）	地上干物质积累量（g）	地下干物质积累量（g）
STD0903	M	42.80±14.55 a	42.50±6.70 a	1.6±0.55 a	73.43±9.88 a	87 800.40±1.55 a	14.04±1.31 a	110.68±12.13 ab	211.78±22.18 abc
	RV	22.6~64.0	22.6~64.0	1.0~2.5	59.4~84.5	67 200.3~103 600.5	11.3~15.7	98.0~138.1	183.0~258.9
LS2003	M	37.56±16.40 a	44.72±6.34 a	1.66±0.50 a	61.86±15.55 a	85 700.40±1.71 a	14.38±0.66 a	77.96±18.60 ab	204.99±40.155 abc
	RV	15.8~56.0	15.8~56.0	0.8~2.6	37.8~78.0	66 600.3~111 400.5	13.3~15.5	51.0~103.0	164.0~266.5
NT92045	M	39.15±17.62 a	38.50±6.89 a	1.31±0.27 a	66.82±16.78 a	79 300.35±0.74 a	14.69±0.69 a	85.96±32.41ab	215.26±34.64 abc
	RV	15.6~60.0	15.6~60.0	1.1~1.7	44.6~88.0	70 600.4~90 800.4	13.8~15.8	51.0~134.0	159.0~261.0
NT92085	M	37.92±17.32 a	42.61±6.62 a	1.46±0.55 a	68.1±14.45a	81 000.45±1.74 a	14.73±0.68 a	86.47±32.47 ab	189.05±34.78 cd
	RV	16.0~59.0	16.0~59.0	0.8~2.3	47.8~86.0	66 500.4~105 400.5	13.5~15.6	53.0~149.4	150.0~253.4

注：M表示平均值；RV表示变化范围；不同组中小写字母代表在0.05水平上的差异显著性。下同。

表2-6 参试品种变异系数

品种	叶柄长	根围	单根	株高	产量	含糖率	地上干物质积累量	地下干物质积累量
KWS9968	28.84	10.63	15.46	9.69	14.70	4.38	21.40	10.34
KWS5599	25.06	9.76	24.30	14.37	17.76	5.54	26.47	4.19
KWS6637	35.10	13.59	20.10	21.17	23.77	6.81	30.88	9.44
KWS6661	40.25	15.50	30.07	20.88	16.66	3.42	37.41	11.32
ST13789	39.19	9.04	37.59	24.23	16.88	3.82	31.00	9.55
ST13789	46.77	26.00	21.31	28.29	17.10	8.57	45.71	12.26
ST13212	43.28	9.71	44.20	31.42	18.36	5.81	36.74	11.46
ST147109	38.96	18.29	24.03	29.26	19.43	4.01	23.90	10.37
HDTD02	42.67	15.10	35.63	26.09	23.06	6.61	21.92	16.93
HDTD01	38.51	17.75	32.18	22.10	22.51	7.26	39.08	22.58
HI0936	30.94	14.30	27.93	15.67	18.29	4.97	18.15	14.21
BTS8430	36.06	20.56	24.29	11.31	15.31	5.96	16.40	12.26
BTS8935	34.49	17.31	36.63	15.33	30.03	6.39	19.54	33.33
BTS3740	46.34	14.25	37.81	14.94	20.00	6.19	16.06	23.38
Beta379	42.81	10.29	17.09	24.26	17.92	3.97	38.78	7.94
XJT9919	38.66	15.78	12.04	18.50	23.81	5.66	18.68	21.63
STD0903	33.99	14.19	34.36	13.47	17.69	9.35	10.97	10.48
LS2003	43.66	17.91	29.99	25.14	20.01	4.64	23.86	19.59
NT92045	45.13	15.54	21.00	25.12	9.39	4.72	37.70	16.09
NT92085	45.70	15.21	38.22	21.20	21.52	4.64	37.55	18.40

表2-7 参试品种适应性参数

品种	叶柄长	根围	单根重	株高	产量	含糖率	地上干物质积累量	地下干物质积累量
KWS9968	0.83	0.70	0.53	0.49	0.75	0.75	0.75	0.60
KWS5599	0.71	0.63	0.62	0.71	0.99	0.89	0.87	0.27
KWS6637	0.90	0.87	0.55	1.01	1.30	1.08	1.10	0.59
KWS6661	1.13	1.00	0.80	1.03	0.91	0.57	1.29	0.67
ST13789	1.12	0.55	1.19	1.16	0.90	0.64	0.93	0.55
ST13789	1.30	1.77	0.50	1.40	0.86	1.45	1.48	0.66
ST13212	1.16	0.62	1.56	1.54	0.94	0.96	1.26	0.59
ST147109	0.95	1.23	0.66	1.30	0.94	0.64	0.63	0.49
HDTD02	1.09	0.90	1.36	1.24	1.03	1.09	0.50	0.73
HDTD01	0.92	1.13	1.07	1.00	1.05	1.22	0.90	1.05
HI0936	0.94	0.96	0.83	0.84	0.91	0.79	0.72	0.79
BTS8430	0.98	1.40	0.83	0.58	0.77	0.97	0.55	0.63
BTS8935	0.88	1.09	1.31	0.76	1.41	1.01	0.61	1.55
BTS3740	1.02	0.98	1.18	0.68	1.03	0.98	1.02	0.98
Beta379	1.20	0.71	0.67	1.18	1.05	0.68	1.20	0.71
XJT9919	1.01	1.07	0.42	0.88	1.25	0.94	0.49	1.29
STD0903	0.97	1.01	1.15	0.70	0.89	1.48	0.40	0.54
LS2003	1.09	1.10	1.04	1.10	0.98	0.75	0.61	0.98
NT92045	1.18	1.05	0.57	1.18	0.43	0.78	1.06	0.84
NT92085	1.16	1.00	1.16	1.02	1.00	0.77	1.07	0.85

表2-8 不同试验点甜菜农艺性状差异性

试验点	分析参数	叶柄长（cm）	根围（cm）	单根重（g）	株高（cm）	产量（kg/hm²）	含糖率（%）	地上干物质积累量（g）	地下干物质积累量（g）
昌吉	M	53.45±2.70 a	46.93±1.04 a	1.91±0.05 a	80.11±1.45 a	106 828.05±5.9 a	10.57±0.01 a	107.31±3.28 a	244.42±1.89 a
	RV	51.0~56.4	46.1~48.1	1.9~2.0	78.9~81.7	87 871.5~119 553.3	14.3~14.4	105.0~111.1	242.6~246.4
石河子	M	45.00±0.39 b	37.65±0.83 b	1.50±0.10 b	74.1±1.08 b	86 874.75±1.0 b	8.93±0.08 b	104.43±4.7 a	208.75±3.76 b
	RV	44.7~45.5	37.0~38.6	1.4~1.7	73.1~75.3	66 983.7~110 066.1	14.1~14.3	103.4~109.6	204.5~211.7
伊犁	M	21.31±0.38 c	39.39±1.35 b	1.15±0.014 c	51.49±0.55 c	69 630.00±1.50 c	6.96±0.12 c	70.93±2.24 b	207.03±3.37 b
	RV	20.9~21.7	38.4~40.9	1.1~1.2	51.0~52.1	59 371.2~78 374.1	15.0~15.2	68.4~72.4	204.5~210.9

表2-9　不同试验点甜菜农艺性状适应性参数及变异系数

试验	分析参数	叶柄长	根围	单根重	株高	产量	含糖率	地上干物质积累量	地下干物质积累量
昌吉		2.18	0.84	0.04	1.18	0.05	0.01	2.64	1.53
石河子	AP	0.32	0.67	0.09	0.88	0.08	0.06	3.80	3.03
伊犁		0.31	1.09	0.01	0.45	0.13	0.10	1.80	2.72
昌吉		5.06	2.23	2.82	1.82	0.41	0.12	3.06	0.78
石河子	CV（%）	0.88	2.22	7.26	1.47	0.74	0.9	4.52	1.8
伊犁		1.79	3.44	1.26	1.09	1.04	1.72	3.16	1.63

注：*AP*表示适应性参数；*CV*表示变异系数。

2.2.3　不同甜菜品种光合性状和农艺性状的相关性

对不同甜菜品种的光合性状和农艺性状的相关性进行分析（图2-2）。结果显示甜菜产量与蒸腾速率、叶柄长、根围、单根重、株高、地上部与地下部干物质积累量之间都存在显著相关（$P<0.05$），相关性系数分别为0.379、0.835、0.558、0.652、0.787、0.663和0.714；甜菜含糖率与净光合速率、胞间CO_2浓度呈显著正相关（$P<0.05$），相关性系数分别为0.302、0.265，而含糖率与叶柄长和株高呈极显著负相关（$P<0.001$），相关性系数分别为−0.431和−0.440。

2.2.4　基于主成分分析的参试品种综合评价

对甜菜的12个性状指标进行主成分分析，以特征值>1的原则，提取主成分因子，昌吉试点提取到了4个主成分，石河子和伊犁试验点分别提取到3个主成分，其累计贡献率分别达到了63.50%、68.70%和63.65%。所提取的主成分基本代表了甜菜主要的遗传信息，因此，利用所提取的主成分得分矩阵进行综合得分计算。结果表明，甜菜品种Beta379在昌吉、石河子和伊犁的得分排名分别为第1、第3和第2名，说明该品种在各试点表现较好，生态适应性较强；品种KWS9968、KWS5599、KWS6637在3个试点的综合排名都处于较高位置，说明这3个品种的生态适应性也较好；NT92085在昌吉、石河子及伊犁的排名分别为第2、第2和第15名，说明不同环境因子对其光合性状和农艺性状影响较大，生态适应性较差；其余各品种在3个生态区的综合得分差异不大，说明这些品种生态适应性较稳定（表2-10）。

表2-10 不同甜菜品种光合性状和农艺性状各主成分得分及综合得分

品种	昌吉					石河子					伊犁				
	主成分因子			综合得分	等级	主成分因子			综合得分	等级	主成分因子			综合得分	等级
KWS9968	-1.50	-0.82	-0.07	0.14	10	-1.50	-0.82	-0.07	1.28	1	1.38	1.77	1.61	0.97	1
KWS5599	0.79	-0.42	-0.92	0.27	8	0.79	-0.42	-0.92	0.51	7	1.47	1.18	-1.04	0.59	3
KWS6637	1.59	0.19	-0.84	0.99	3	1.59	0.19	-0.84	0.51	7	0.60	0.10	-0.28	0.20	5
KWS6661	-0.79	-0.21	-0.70	-0.01	12	-0.79	-0.21	-0.70	0.52	6	1.51	-0.47	-1.06	0.33	4
ST13789	0.26	-0.77	0.15	0.16	9	0.26	-0.77	0.15	0.70	4	0.58	-0.75	-0.60	0.01	9
ST13606	0.18	1.61	-1.52	0.42	7	0.18	1.61	-1.52	-0.69	14	0.79	-1.10	-0.10	0.09	8
ST13212	-0.11	1.21	1.70	0.06	11	-0.11	1.21	1.70	-1.16	17	-0.53	-0.82	-0.13	-0.34	16
ST147109	-0.64	-0.81	-0.76	-1.59	19	-0.64	-0.81	-0.76	-0.68	13	-0.93	-0.79	-0.46	-0.51	18
HDTD02	-1.09	-0.59	1.29	-1.03	17	-1.09	-0.59	1.29	-0.45	11	-1.50	-0.74	0.77	-0.55	19
HDTD01	-0.20	-0.71	-1.04	-2.08	20	-0.20	-0.71	-1.04	-1.35	18	-0.88	-0.62	0.09	-0.40	17
HI0936	-1.12	0.84	-0.52	-0.44	14	-1.12	0.84	-0.52	-0.72	15	-0.84	1.66	-0.42	-0.08	11
BTS8430	-0.61	-0.21	0.14	-0.79	16	-0.61	-0.21	0.14	-0.48	12	-0.03	0.75	0.36	0.16	7

（续表）

品种	昌吉				石河子				伊犁			
	主成分因子	主成分因子	综合得分	等级	主成分因子	主成分因子	综合得分	等级	主成分因子	主成分因子	综合得分	等级
BTS8935	0.98	-0.02	-0.48	15	1.26	-1.29	-0.98	16	1.11	0.09	-0.26	14
BTS3740	1.26	-1.75	-1.25	18	-0.02	-0.06	-0.25	10	-0.29	-1.60	-0.26	14
Beta379	1.40	1.59	2.63	1	0.66	1.69	0.90	3	-0.62	1.02	0.62	2
XJT9919	1.33	-0.09	0.94	4	-0.36	0.18	0.70	4	-0.03	1.05	0.19	6
STD0903	-0.14	0.29	0.51	6	0.85	-1.00	0.20	8	1.59	-0.55	-0.16	12
LS2003	0.42	-0.51	-0.22	13	0.56	-0.79	-0.03	9	-0.84	1.77	-0.20	13
NT92045	-1.41	0.68	0.56	5	-0.64	0.18	0.56	5	-0.69	-0.16	-0.07	10
NT92085	-0.57	0.49	1.23	2	0.77	-0.54	0.93	2	-0.41	-0.36	-0.30	15

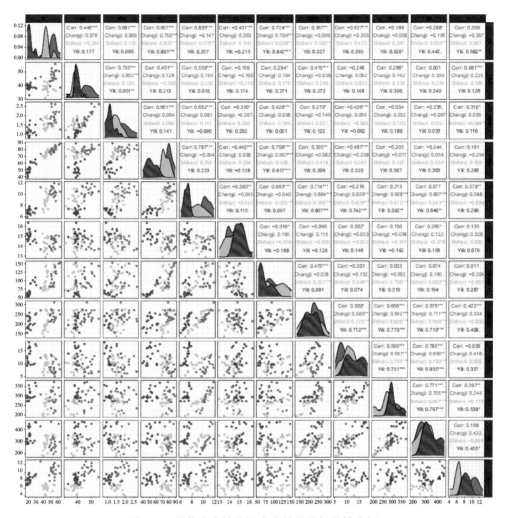

图2-2　甜菜光合性状及农艺性状的相关性分析

注：*PL*表示叶柄长；*RS*表示根围；*SRW*表示单根重；*PH*表示株高；*Y*表示产量；*SC*表示含糖率；*DMWA*表示地上部干物质积累量；*DMWH*表示地下部干物质积累量；*Pn*表示净光合速率；*Ci*表示胞间CO_2浓度；*Gs*表示气孔导度；*Tr*表示蒸腾速率。*表示5%水平上差异显著，**表示1%水平上差异显著，***表示0.1%水平上差异显著。

2.3　讨论

　　甜菜块根产量和含糖率是评价甜菜适应性的重要性状（Starke et al.，2014），本研究结果显示甜菜产量与蒸腾速率、叶柄长、根围、单根重、株高、地上部及地下部干物质积累量之间都存在显著相关（$P<0.05$），甜菜含糖率与净光合速率、胞间CO_2浓度呈显著相关（$P<0.05$），这与刘莹等（2016）研究结果一致。在甜菜生育期内，叶绿素含量、SPAD值与甜菜块根产量及含糖率显著相关，光合速率和产量呈显著正相关，可见光合性状对甜菜产量和含糖率有很大影响（胡晓航等，2016）。陈柳宏等（2022）对东北地区205份甜菜种质资源的研究结果也证实了这一点。因此，通过改善通风透光条件、补充光照、增加CO_2浓度和增施肥料等方法增强光合速率，对甜菜产量和含糖率的提高有益（李春晓，2011；蒙祖庆等，2012）。

针对不同生态区进行甜菜品种的选育和适应性筛选，对促进区域性原料生产水平的提升和实现甜菜产业可持续发展具有极其重要的意义。近年来，基于主成分分析评价甜菜品质已受到广泛关注，苏欣欣等（2021）采用主成分分析和灰色关联度分析筛选出了6个优质甜菜品种；张立明等以25个新疆甜菜品系（种）为材料，对8个主要农艺性状进行主成分分析，结果发现在根重性状选择上，应注意选择根宽、根茎周长、根茎长度大和根沟较浅的品系。本研究利用主成分分析法对20个甜菜品种进行了综合评价，结果显示Beta379、KWS9968、KWS5599、KWS6637在各个试点的综合得分均比较高，说明这些品种不仅光合性状和农艺性状较优良，在不同地区的适应性也较强。结合其在不同试点的产量及含糖率，在昌吉和石河子地区可选择品种Beta379进行推广种植。品种NT92085、KWS6661、ST13606在昌吉、石河子和伊犁的综合得分差异较大，说明不同试点对参试品种的光合性状及农艺性状影响较大。同时本研究发现参试品种在伊犁试验点的净光合速率、气孔导度和胞间CO_2浓度最高，相对昌吉和石河子试验点具有较好的光合优势，但昌吉试验点参试品种平均产量最高，较伊犁高53.4%；昌吉试验点甜菜平均含糖率也最高，较伊犁试验点高51.9%。

2.4 小结

各品种单根重平均值为1.52 kg，Beta379最大为1.88 kg，不同生态区Beta379品种平均产量为10.20 t/hm^2，KWS5599品种平均产量为9.66 t/hm^2，KWS6637品种平均产量为9.51 t/hm^2，均高于其他品种，但不存在显著性差异。品种Beta379地下部干物质积累量，含糖率和产量均为最高，变异系数分别为0.71、1.05和0.68，相对处于较稳定状态，可见该品种在产量和含糖率方面处于优势品种。Beta379品种在昌吉，石河子，伊犁的得分排名分别为第1、第3、第2名，因此该品种在各生态区表现较好，生态适应性较强，适宜于新疆大面积推广种植。

第 3 章

管带配置与覆膜方式对土壤水热特性与甜菜生长的影响

随着甜菜新品种、地膜覆盖、滴灌节水等技术的引进和推广应用，新疆甜菜生产得到极大发展，甜菜单产水平大幅度提高，较全国平均水平高出50%左右。膜下滴灌技术是覆膜种植技术和滴灌技术的结合。地膜覆盖是有效蓄水保墒、改善上层土壤水热状况和提高作物产量的重要技术措施，覆膜方式和膜色对地膜覆盖的增产效果有着一定的影响。采用膜下滴灌，如何合理地配置滴灌带型和覆膜方式，提高用水效率，促使甜菜向着高产、优质、高效、节水的方向协同发展显得尤为重要。目前，新疆甜菜主产区滴灌的覆盖率已近100%，但生产上滴灌方式和覆膜方式多种多样，效果不一。

3.1 材料与方法

3.1.1 研究地概况

试验于2018—2019年在新疆农业科学院安宁渠试验场（43°77′N，87°17′E）开展。当地年平均气温5~7 ℃，冬季平均气温-11.9 ℃，极端最低气温-30 ℃，最大冻土层79 cm，年降水量150~200 mm，蒸发量1 600~2 200 mm，属于干旱半干旱荒漠气候带农业区。试验地土壤类型为灰漠土，土壤质地为砂壤土。土壤基础理化性质如下：速效氮66.9 mg/kg、速效磷11.1 mg/kg、速效钾205 mg/kg。

3.1.2 试验材料

试验所用甜菜品种均为美国Beta公司生产的E型丸衣化单胚种Beta379。滴灌带为新疆天业节水灌溉股份有限公司生产的迷宫式滴灌带；地膜为新疆维吾尔自治区昌吉市新昌塑地膜厂生产的规格为80 cm×0.01 mm的白膜和黑膜。

3.1.3 试验设计

试验采取裂区区组试验，设置主区为2种滴灌带，配置分别为：一膜双行单管（D1），一膜双行双管（D2），副区为4种覆盖方式分别为：裸地（M1），黑膜（M2），单白膜（M3），双白膜（M4）（具体处理方式如图3-1）。试验小区长为8 m，宽为4 m，行距为50 cm，株距为18 cm，3次重复，随机排列，于4月25日播种。田间管理同当地高产田。

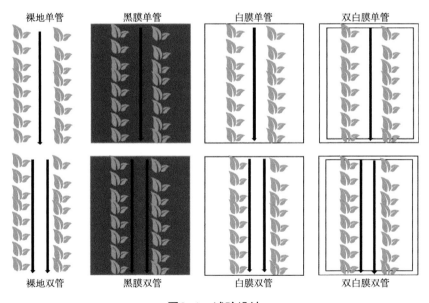

裸地单管　　黑膜单管　　白膜单管　　双白膜单管

裸地双管　　黑膜双管　　白膜双管　　双白膜双管

图3-1 试验设计

3.1.4 测试指标

甜菜倒4叶面积：按实验需求于甜菜苗期、叶丛快速生长期、块根增长期以及糖分积累期，对各小区选取5个代表性植株测倒4叶面积，用CI-202叶面积仪（美国CID生物科学有限公司，美国）进行测定。

植株干物质积累量：按实验需求于甜菜苗期、叶丛快速生长期、块根增长期以及糖分积累期，对每处理选取长势一致的甜菜5株，带回实验室将植株分为叶片、茎和根，称重并用软尺测量甜菜根围，分别装袋置于105℃烘箱中杀青30 min，80℃烘至恒重，电子天平称重（精准度为0.01）。

土壤水分监测：分别在各处理灌水前一天及灌水后一天用Trime水分测试仪分层测定土壤含水量，测试深度80 cm，每20 cm为1层。各处理在距甜菜种植行12.5 cm处垂直种植行方向布设探管。

土壤温度监测：每个处理选取一个小区在两棵植株中间，埋设一个U盘温度记录仪，深度为距地表5 cm。

光合特性：按实验需求于甜菜苗期、叶丛快速生长期、块根增长期以及糖分积累期，选择晴朗无云天气10：00—12：00，各处理选取3株长势一致的植株，每株选取倒4叶叶片用CIRAS-3便携式光合仪（PP systems，USA）在田间活体测定各处理甜菜叶片的净光合速率（Pn）、蒸腾速率（Tr）、气孔导度（Gs）和胞间CO_2浓度（Ci）。

糖分测定：在收获期选取5株的代表性块根用PAL-1手持糖度计（日本爱宕科学仪器有限公司）进行糖锤度测定，取平均值。

产量测定：收获前在各重复小区取10 m²样方，调查测定甜菜收获株数和单根重，取平均值。

其他生长指标：叶丛快速生长期以后，对每处理选取长势一致的甜菜5株，每隔4 d数甜菜叶片数，同时用直尺测量甜菜叶丛高度。

3.1.5　数据处理与统计分析

试验结果用算术平均数和标准误表示测定结果的精密度（$X \pm SD$）。利用Microsoft Excel 2010软件、SPSS19.0数据分析软件进行试验数据的统计计算、统计检验和方差分析等工作。Origin 2018制作柱状积累图。

3.2　结果与分析

3.2.1　覆膜方式对甜菜生育期土壤温度的影响

图3-2为覆膜方式对甜菜生育期内土壤温度的影响，由图可知，不同覆膜方式对甜菜生育期内土壤温度影响较大，其中覆双白膜处理与白膜处理在甜菜苗期保温性能较好，土壤温度显著高于黑膜处理。甜菜叶丛生长期以后，甜菜叶丛生

长旺盛，不覆膜处理下土壤温度显著高于其他处理，而黑色地膜在阳光照射下，本身增温快、湿度高，但传给土壤的热量较少，因此覆黑膜的增温效果不如覆白膜处理以及覆双白膜处理。由图3-3可以看出不同覆膜对甜菜苗期生长存在显著影响。

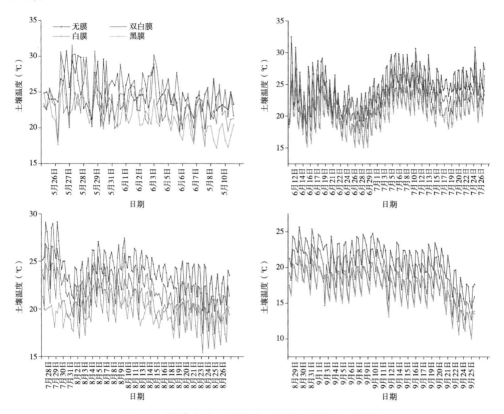

图3-2 覆膜方式对甜菜生育期内土壤温度的影响

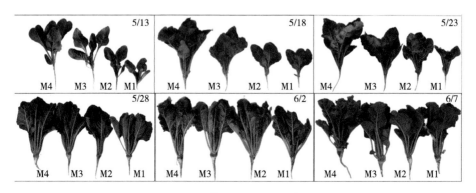

图3-3 不同覆膜方式对苗期甜菜生长影响

3.2.2　管带配置与覆膜方式对甜菜生长发育的影响

3.2.2.1　管带配置与覆膜方式对甜菜功能叶面积的影响

由图3-4可知，各处理的甜菜倒4叶面积随出苗天数的增加均呈现先增后降的趋势，块根膨大期出现最大值。不同管带配置处理之间比较，双行双管（D2）下各处理比双行单管（D1）下各处理在4个生长时期倒4叶（L4）面积均有增加，苗期（SS）增加10.01%；叶丛快速生长期（FGPOLC）增加6.80%，块根膨大期（TES）增加8.00%，糖分积累期（SAP）增加10.45%。在2种管带配置下，不同覆膜方式间比较，块根膨大期倒4叶面积由高到低均表现为M4>M3>M2>M1；至糖分积累期，M1与M2和M3处理间叶面积差异不显著（$P>0.05$），与M4处理差异显著（$P<0.05$），M4比M1增加10.49%。综上，D2M4有助于甜菜功能叶面积的增加和维持，从而有效促进甜菜有机质的积累。D1M1的甜菜生育后期倒4叶面积最小。

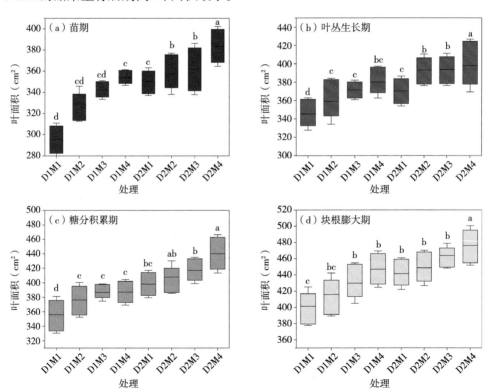

图3-4　管带配置与覆膜方式对不同生育期甜菜倒4叶（L4）面积的影响

3.2.2.2　管带配置与覆膜方式对甜菜丛高与叶片数的影响

由图3-5可知，甜菜苗期后期各处理间丛高不存在显著性差异，D2处理下甜菜丛高在叶丛生长期后期高于D1处理下甜菜丛高，其中D2M3、D2M4处理甜菜生育期平均丛高较D1M1处理高出6.69%与12.01%，均存在显著性差异。而D1M3处理同样显著低于D2M3、D2M4处理，生育期平均丛高显著降低5.97%与11.25%，D1处理间，M4处理显著高于其他处理，D2处理中，各覆膜方式下甜菜丛高排序为：M4>M3>M2>M1，D2M4处理丛高较D2M1处理显著高出8.52%，与其他处理差异不显著。

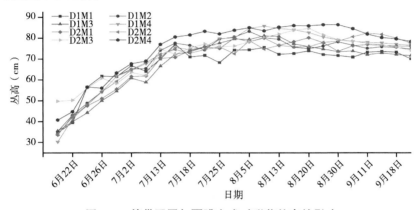

图3-5　管带配置与覆膜方式对甜菜丛高的影响

图3-6为管带配置与覆膜方式对甜菜叶片数的影响，分析图3-6可得，管带配置与覆膜方式对甜菜叶丛生长期前期甜菜叶片数不存在显著性差异，叶丛生长期后期各处理间甜菜叶片数存在显著差异。由图3-5可以看出，D2处理甜菜叶片数平均高于DI处理，而D1处理中M4处理甜菜叶片数均显著高于M1与M2处理。D2M4处理与D2M3、D2M2、D2M1处理均不存在显著性差异，但显著高于其他处理。

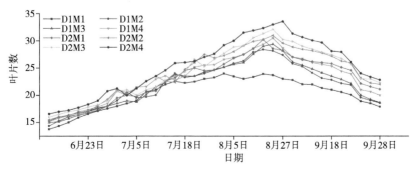

图3-6　管带配置与覆膜方式对甜菜叶片数的影响

3.2.3 管带配置与覆膜方式对甜菜光合特性的影响

分析图3-7可得，苗期甜菜叶片光合特性各指标中，各处理胞间CO_2浓度不存在显著性差异，其余各处理光合指标均存在显著性差异，D2M4处理气孔导度显著高出的D1M3、D1M2、D1M1处理23.25%、38.82%、47.35%，其余各处理间均不存在显著性差异，D1处理光合速率较D2处理显著降低24.67%；D1M2处理蒸腾速率相较于D1M3、D1M4处理显著降低了8.76%、12.59%；D1M1处理显著低于其他各处理，其他各处理间蒸腾速率不存在显著差异。

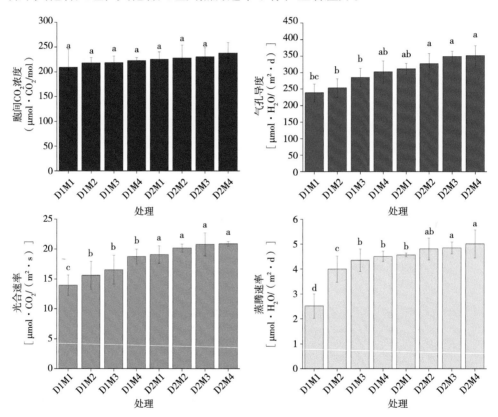

图3-7 管带配置与覆膜方式对甜菜苗期光合特性的影响

不同覆膜方式显著影响叶丛生长期甜菜胞间CO_2浓度、气孔导度、净光合速率以及蒸腾速率，其中覆双白膜处理可以有效减少田间土壤水分蒸发，为甜菜光合作用提供良好的土壤环境，双管配置处理气孔导度、净光合速率以及蒸腾速率分别较单管配置处理平均显著增加43.45%、17.48%、42.34%。不同覆膜方式同样对甜菜光合作用造成显著影响：M4处理下甜菜气孔导度、净光合速率以及蒸腾速率分别较M1处理增加22.38%、13.01%、35.35%；M4处理下甜菜气孔导度与蒸腾速率分别较M2处理增加12.25%、25.98%（图3-8）。

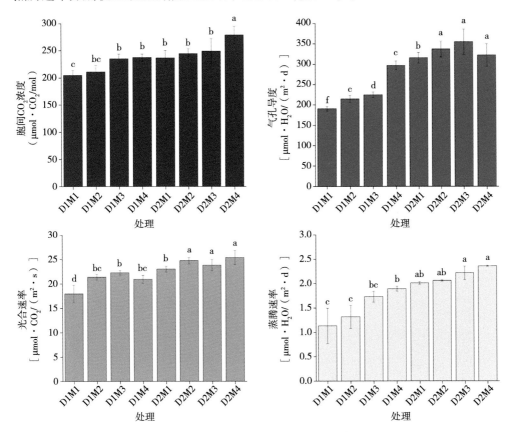

图3-8 管带配置与覆膜方式对甜菜叶丛生长期光合特性的影响

块根膨大期中，各处理间光合特性均存在显著性差异，D1处理胞间CO_2浓度显著低于D2处理，且胞间CO_2浓度同样随灌水量的降低而降低，其中，D2处理较D1处理胞间CO_2浓度显著增加23.22%；D1M1处理除与D1M2处理间不存在显著性差异外，均显著低于其他处理。D2处理下各覆膜方式处理间气孔导度不存在显著性差异。D2M4处理与D2M3、D2M2、D2M1、D1M3处理间光合速率不存在显著性差异，但均显著高于其他处理，D1处理光合速率平均较D2处理显著降低15.73%。D2M4与D2M3、D2M2、D2M1处理间蒸腾速率不存在显著差异但均显著高于D1M3、D1M1处理（图3-9）。

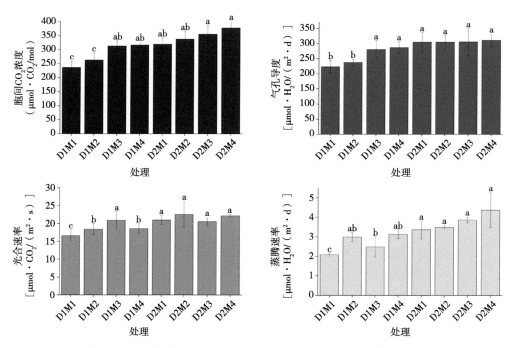

图3-9　管带配置与覆膜方式对甜菜块根膨大期光合特性的影响

糖分积累期各处理间甜菜叶片气孔导度不存在显著性差异，D2处理下胞间 CO_2 浓度不存在显著性，其余各处理胞间 CO_2 浓度均存在显著差异性，D2处理胞间 CO_2 浓度略高于D1处理；D1处理下M3处理相较于M1处理、M2处理、M4处理分别增加15.48%、10.16%、8.4%，存在显著性差异。双膜光合速率高于单膜与不覆膜，D2处理较D1处理下光合速率与气孔导度分别显著增加22.39%与5.47%；M4处理下净光合速率较M2与M1处理分别高出10.89%、19.12%。D2M4与D2M3、D2M2、D2M1处理间蒸腾速率不存在显著差异但均显著高于D1M3、D1M1处理（图3-10）。

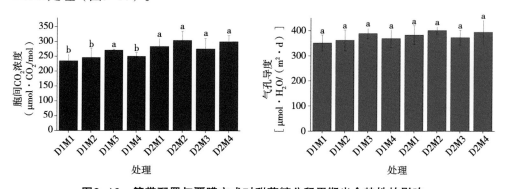

图3-10　管带配置与覆膜方式对甜菜糖分积累期光合特性的影响

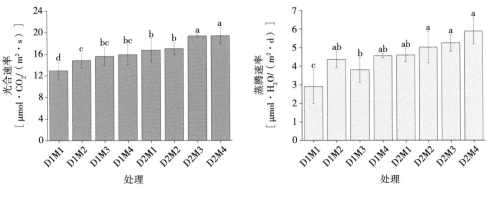

图3-10 （续）

3.2.4 管带配置与覆膜方式对甜菜干物质积累特性的影响

由表3-1可知，不同处理甜菜单株干物质积累过程动态均符合Logistic生长模型曲线，$R^2 > 0.96$。不同管带配置比较，D2处理进入甜菜快速生长期（t_1）比D1处理提前10.0 d，到达甜菜快速生长结束期（t_2）比D1延迟12.0 d，且此时期快速生长特征值（GT）比D1增加11.24%。2种管带配置下不同覆膜方式比较，快速生长特征值（GT）由高到低均表现为M4>M3>M2>M1，在D1处理下，M4、M3和M2分别比M1增加13.76%、6.52%和4.28%，在D2处理下，M4、M3和M2分别比M1增加23.28%、15.16%和7.26%。在不同组合处理间，D2M4处理比D1M4处理增加14.81%，即D2M4组合是甜菜快速生长期获得最高快速生长特征值（GT）的最佳组合。

表3-1 管带配置与覆膜方式对甜菜单株干物质积累特性的影响

处理		公式	t_1	t_2	t_0	$\triangle t$	$V_m/(g \cdot d)$	GT	R^2
	M1	$y=269.48/\left[1+e^{(2.65-0.027x)}\right]$	49	146	97	97	1.84	178.48	0.980 9
D1	M2	$y=282.49/\left[1+e^{(2.59-0.028x)}\right]$	46	140	93	94	1.98	186.12	0.995 6
	M3	$y=288.45/\left[1+e^{(2.31-0.027x)}\right]$	37	135	86	98	1.94	190.12	0.977 3
	M4	$y=307.81/\left[1+e^{(2.67-0.028x)}\right]$	48	142	95	94	2.16	203.04	0.974 8
D2	M1	$y=287.27/\left[1+e^{(2.08-0.023x)}\right]$	34	149	92	116	1.63	189.08	0.995 9
	M2	$y=309.34/\left[1+e^{(2.04-0.023x)}\right]$	32	148	90	116	1.75	203.00	0.984 9

（续表）

处理		公式	t_1	t_2	t_0	Δt	$V_m/(g \cdot d)$	GT	R^2
D2	M3	$y=330.38/\left[1+e^{(2.13-0.023x)}\right]$	35	149	92	114	1.91	217.74	0.966 7
	M4	$y=355.54/\left[1+e^{(2.12-0.021x)}\right]$	38	165	101	126	1.85	233.1	0.992 7

注：y，甜菜干物质积累量；t，甜菜出苗后的天数，d；t_0，最大生长速率出现时间；t_1，进入甜菜快速生长期时间拐点；t_2，结束甜菜快速生长期时间拐点；Δt，甜菜快速生长持续时间；V_m，单株最大生长速率；GT，快速生长特征值。下同。

3.2.5　管带配置与覆膜方式对甜菜干物质根冠比的影响

由表3-2可知，甜菜干物质的根冠比随出苗天数的增加呈现增加趋势，至糖分积累期达到峰值。不同管带配置间比较，D2处理比D1处理根冠比增加8.53%。不同覆膜方式间比较，在D1和D2配置下根冠比由大到小均表现为M4>M3>M2>M1，D1配置下M4、M3和M2分别比M1增9.81%、8.72%和6.27%，差异达到显著水平（$P<0.05$）。D2配置下M4处理比M1处理根冠比增加8.82%，差异也达到显著水平（$P<0.05$）。

表3-2　管带配置与覆膜方式对甜菜单株干物质根冠比例（R/T）的影响

处理		生育期			
		苗期	叶丛快速生长期	块根膨大期	糖分积累期
D1	M1	0.93 ± 0.01 ab	1.21 ± 0.02 a	2.86 ± 0.09 d	3.67 ± 0.05 d
	M2	0.93 ± 0.01 ab	1.16 ± 0.08 ab	3.03 ± 0.07 c	3.90 ± 0.06 c
	M3	0.93 ± 0.04 ab	1.15 ± 0.04 ab	3.18 ± 0.11 ab	3.99 ± 0.06 bc
	M4	0.96 ± 0.01 a	1.09 ± 0.02 bc	3.12 ± 0.07 bc	4.03 ± 0.11 bc
D2	M1	0.93 ± 0.06 ab	1.21 ± 0.03 a	3.08 ± 0.07 bc	4.08 ± 0.06 bc
	M2	0.89 ± 0.01 bc	1.19 ± 0.10 ab	3.14 ± 0.02 abc	4.20 ± 0.13 b
	M3	0.92 ± 0.02 ab	1.10 ± 0.03 bc	3.20 ± 0.06 ab	4.20 ± 0.14 b
	M4	0.85 ± 0.02 c	1.03 ± 0.03 c	3.26 ± 0.04 a	4.44 ± 0.19 a
F	管带配置（D）	12.054^{**}	0.976^{ns}	18.730^{**}	56.845^{**}
	覆膜方式（M）	1.260^{ns}	9.340^{**}	13.281^{**}	11.378^{**}
	管带配置×覆膜方式（D×M）	5.178^{*}	1.087^{ns}	2.010^{ns}	1.297^{ns}

注：*表示差异显著（$P<0.05$）；**表示差异极显著（$P<0.01$）；ns表示无显著差异；不同小写字母表示$P<0.05$水平下显著性差异。下同。

3.2.6 管带配置与不同覆膜方式对甜菜产量及其构成因素的影响

由表3-3可知，不同管带配置间比较，D2配置处理单根重、含糖率、产量和产糖量比D1处理分别增加30.46%、1.10%、31.47%和32.76%。不同覆膜方式间比较，在2种管带配置下单根重、含糖率、产量和产糖量由高到低均表现为M4>M3>M2>M1。其中单根重、产量和产糖量在M4与M1处理间的差异显著（$P<0.05$）；在D1配置下，M4处理单根重、产量和产糖量分别比M1处理增加23.81%、24.49%和34.11%；在D2配置下，M4处理单根重、产量和产糖量分别比M1增加19.82%、19.81%和21.99%，D2M4处理单根重、产量和产糖量与D1M4处理相比分别增加27.88%、28.80%、27.97%。因此，D2M4处理最有利于产量和产糖量的形成。

表3-3 管带配置与覆膜方式对甜菜产量及其构成因素的影响

	处理	收获株数（×10^4株）	单根重（kg）	含糖率（%）	产量（×10^4 kg/hm^2）	收获指数（%）	产糖量（×10^3 kg/hm^2）
D1	M1	8.95 a	0.84 f	14.44 c	7.52 e	78.57 d	10.86 e
	M2	8.95 a	0.86 ef	15.05 b	7.67 e	79.58 c	11.54 de
	M3	9.05 a	0.97 def	15.49 ab	8.74 de	79.98 c	13.54 cd
	M4	9.05 a	1.04 cde	15.55 a	9.41 cd	80.11 bc	14.62 bc
D2	M1	9.10 a	1.11 bcd	15.16 ab	10.12 bcd	80.31 bc	15.35 bc
	M2	9.00 a	1.16 abc	15.27 ab	10.46 bc	80.75 b	15.97 bc
	M3	9.05 a	1.24 ab	15.33 ab	11.24 ab	80.76 b	17.26 ab
	M4	9.15 a	1.33 a	15.44 ab	12.12 a	81.59 a	18.71 a
F	管带配置（D）	0.158ns	48.47**	2.587ns	50.437**	63.920**	48.417**
	覆膜方式（M）	0.185ns	5.284*	8.905**	5.778**	13.086**	7.261**
	管带配置×覆膜方式（D×M）	0.079ns	0.025ns	3.857*	0.043ns	1.662ns	0.101ns

3.2.7　管带配置与覆膜方式对甜菜灌溉水利用率的影响

由表3-4可知，不同管带配置间比较，D2配置的群体干物质积累量和干物质的灌溉水利用效率分别比D1配置处理增加7.62%和7.43%。不同覆膜方式间比较，D1、D2配置下干物质积累量及其灌溉水利用效率由高到低均表现为M4>M3>M2>M1，D1配置下，M4干物质积累量及其灌溉水利用效率分别比M1处理增加12.99%和13.02%，差异显著（$P<0.05$），D2配置下，M4与M1处理差异不显著（$P>0.05$），其D2M4处理比D1M4处理分别增加8.21%、8.20%。从甜菜产量水平和产糖量水平的灌溉水利用效率看，D2比D1分别增加31.47%和32.84%；不同覆膜方式间比较，D1和D2配置下灌溉水利用效率由高到低均表现为M4>M3>M2>M1；D1配置下，M4比M1处理分别增加24.43%和33.66%（$P<0.05$），D2配置下，M4处理比M1处理分别增加19.74%和21.83%（$P<0.05$），其D2M4处理比D1M4处理分别增加28.84%、28.08%。

表3-4　管带配置与不同覆膜方式对甜菜灌溉水分利用效率（IWUE）的影响

	处理	群体干物质积累量	IWUE干物质（kg/m³）	IWUE产量（kg/m³）	IWUE产糖量（kg/m³）
D1	M1	30.91 ± 1.68 c	4.29 ± 0.23 c	10.45 ± 1.08 e	1.51 ± 0.14 e
	M2	32.22 ± 2.07 bc	4.48 ± 0.29 bc	10.65 ± 0.56 e	1.60 ± 0.08 de
	M3	34.31 ± 0.41 abc	4.77 ± 0.06 abc	12.13 ± 0.35 de	1.88 ± 0.08 cd
	M4	35.10 ± 3.18 ab	4.88 ± 0.44 ab	13.07 ± 1.14 ab	2.03 ± 0.20 bc
D2	M1	34.23 ± 2.22 abc	4.75 ± 0.31 abc	14.05 ± 1.14 abc	2.13 ± 0.20 bc
	M2	34.86 ± 2.61 ab	4.84 ± 0.36 ab	14.53 ± 1.98 ab	2.22 ± 0.29 bc
	M3	35.96 ± 1.10 ab	4.99 ± 0.15 ab	15.61 ± 1.90 ab	2.40 ± 0.34 ab
	M4	37.98 ± 0.80 a	5.28 ± 0.11 a	16.84 ± 0.99 a	2.60 ± 0.16 a
F	管带配置（D）	10.635**	50.437**	48.419**	10.109**
	覆膜方式（M）	4.756*	5.778**	7.261**	4.763**
	管带配置×覆膜方式（D×M）	0.195ns	0.430ns	0.101ns	0.223ns

3.2.8 甜菜植株干物质积累指标与产量构成因素相关性分析

由表3-5可知，在甜菜植株干物质积累指标间，甜菜倒4叶面积（L4）与快速生长特征值（GT）、根冠比（R/T）、地上部物质积累量（$APDM$）、地下部物质积累量（$UPDM$）呈极显著正相关（$P<0.01$），与叶丛快速生长持续时间（$\triangle t$）呈显著正相关（$P<0.05$）。GT与$APDM$、$UPDM$均呈极显著正相关（$P<0.01$），与叶丛快速生长持续时间（$\triangle t$）和T/R呈显著正相关（$P<0.05$）。T/R与$APDM$呈显著正相关（$P<0.05$）、与$UPDM$呈极显著正相关（$P<0.01$）。在甜菜产量构成因素间，单根重（RW）与产量（Y）、产糖量（SY）呈极显著正相关（$P<0.01$），与含糖率（SC）呈显著正相关（$P<0.05$）。在甜菜植株干物质积累指标与甜菜产量构成因素间，L4、$\triangle t$、GT、$APDM$、$UPDM$与RW、Y、SY均呈极显著正相关（$P<0.01$），T/R与SC、SY极显著正相关（$P<0.01$），与RW、Y呈显著正相关（$P<0.05$）。

表3-5 甜菜植株干物质积累指标与产量因素相关性分析

指标	L4	$\triangle t$	GT	R/T	$APDM$	$UPDM$	RW	SC	Y	SY
L4	1									
$\triangle t$	0.771*	1								
GT	0.941**	0.711*	1							
R/T	0.889**	0.581	0.819*	1						
$APDM$	0.904**	0.684	0.967**	0.730*	1					
$UPDM$	0.959**	0.696	0.976**	0.884**	0.965**	1				
RW	0.971**	0.891**	0.911**	0.814*	0.885**	0.919**	1			
SC	0.735*	0.262	0.61	0.903**	0.502	0.687	0.588	1		
Y	0.970**	0.893**	0.907**	0.813*	0.882**	0.916**	1.000**	0.588	1	
SY	0.985**	0.860**	0.915**	0.855**	0.880**	0.931**	0.996**	0.655	0.996**	1

注：L4为倒4叶面积；$\triangle t$为叶丛快速生长持续时间；R/T为根冠比；$APDM$为地上部物质积累量；$UPDM$为地下部物质积累量；RW为单根重；Y为产量；SC为含糖率；SY为产糖量。*表示差异显著（$P<0.05$）；**表示差异极显著（$P<0.01$）。

3.3 讨论

作物产量的形成与干物质积累过程密切相关，一般干物质积累速率越大，产量越高（殷冬梅等，2011）。作物生产过程中干物质积累的动态变化是揭示作物产量形成和掌握高产群体调控指标的重要内容。作物根系是吸收土壤养分和水分的重要器官。不同的栽培措施对作物根系的生长和分布、地上部生长及产量形成的影响不同。樊廷录等（1997）和蔡昆争等研究发现，在旱作地区，地膜覆盖显著提高作物的根系干重，增加根系总根长与比根长，促进根系的生长和发育，从而增大作物产量构成因子，且能减少土壤水蒸发散失，从而具有提高深层水分的利用效率的作用（Herrera et al.，2017）。在本研究中，双膜处理与无膜、单膜、黑膜处理相比能有效增加甜菜快速生长特征值（GT）；双膜与无膜方式相比能显著（$P<0.05$）增加甜菜根冠比，增加生育后期甜菜地下部干物质积累和单根重，使产量及产糖量显著增加。这说明双膜覆盖能有效促进封垄前甜菜地上部的生长，为后期产糖量的积累提供了充足的"源"，从而提升了源—库性能的协调性。

作物灌溉水利用效率是反映灌溉农田作物水分生产能力的重要指标（赵颖娜等，2010；Fan et al.，1997）。滴灌是近年发展起来的新型麦田节水灌溉方式，在滴灌方式下不同管带配置影响作物水分利用及产量形成（Jia et al.，2001）。本研究中双管管带配置处理与单管滴灌配置处理相比，增加了快速生长特征值（GT）、根冠比、含糖率、产量和产糖量，双管配置通过影响根部水分分布，提升了灌溉水分利用效率，是发挥滴灌节水潜力、提高甜菜产量和质量的有效配套技术。甜菜营养生长主要靠光合作用制造有机营养物质（Li et al.，1999；Bu et al.，2013），在本研究中，双管配置双白膜处理光合特性显著优于其他处理，原因或许是因为双管配置可以提高水分利用率，双膜处理可以抑制田间水分的无效蒸发，提高土壤含水量，提高水分利用率为甜菜光合提供良好的土壤环境。

本研究探讨了不同滴灌带型配置与覆盖方式对滴灌甜菜相关农艺性状、产量、质量及水分利用效率的影响。但试验仅在设定的灌水量和特定的土壤条件下进行，不同灌水量和土壤性质也会影响滴灌甜菜土壤水分迁移和分布，进而影响甜菜生长和养分吸收，因此，还需进一步开展不同灌水量的优化研究。

3.4 小结

以各生态区表现均较优的Beta379为试验材料，通过不同管带配置比较，一膜双行双管配置处理的单根重、含糖率、产量和产糖量比一膜双行单管处理分别增加30.46%、1.10%、31.47%和32.76%。因此双管配置下甜菜产量和质量优于单管配置。不同覆膜方式显著影响土壤温度，覆双白膜处理保温性能较好，不同覆膜方式下单根重、含糖率、产量和产糖量均表现为双白膜>单白膜>黑膜>裸地。双白膜双行双管处理最有利于甜菜产量和产糖量的形成，即双白膜处理及双管配置更优。

第4章

灌溉量对土壤含水量与甜菜
生长的影响

在干旱和半干旱地区，水资源正在成为一种稀缺的自然资源，随着人口的日益增加，人们对农业的依赖与需求也在逐步提升，从而有更大的农业用水消耗。有限的水资源利用已成为一个日益严重的问题。滴灌作为一种新型节水、高效的灌溉技术，已在世界上得到广泛应用，它可根据作物生长发育的需要将水分、养分持续而均匀地运送到作物根部附近，最大限度地降低土壤蒸发和水资源的浪费，较地面灌溉节水80%左右，增产20%～30%。因此甜菜采用膜下滴灌，如何合理地选用覆膜方式、提高用水效率，促使甜菜向着高产、优质、高效、节水的方向协同发展显得尤为重要。

4.1 材料与方法

4.1.1 研究地概况

试验于2020—2021年在新疆农业科学院安宁渠试验场（43°77′N，87°17′E）开展。当地年平均气温5～7℃，冬季平均气温-11.9℃，极端最低气温-30℃，最大冻土层79 cm，年降水量150～200 mm，蒸发量1 600～2 200 mm，属于干旱半干旱荒漠气候带农业区。试验地土壤类型为灰漠土，质地为砂壤。土壤基础理化性质：速效氮66.9 mg/kg，速效磷11.1 mg/kg，速效钾205 mg/kg。

4.1.2　试验材料

试验所用甜菜品种均为美国Beta公司生产的E型丸衣化单胚种Beta379。滴灌带为新疆天业节水灌溉股份有限公司生产的迷宫式滴灌带，地膜为新疆维吾尔自治区昌吉市新昌塑地膜厂生产的规格为80 cm×0.01 mm的白膜。

4.1.3　试验设计

试验于2020—2021年在新疆农业科学院安宁渠试验场试验地开展，本试验为单因素试验，灌水量以全生育期灌水量7 500 m³/hm²（W4）为最高处理，然后再分别设置3 000 m³/hm²（W1）、4 500 m³/hm²（W2）、6 000 m³/hm²（W3）3个灌水量处理，共4个处理。每个处理3次重复，随机区组排列。小区面积为2 m×10 m=20 m²，一膜双行双管配置；行距为50 cm，株距为18 cm。各处理采用水表控制灌溉量，甜菜种植时间为2021年4月28日至10月2日；甜菜营养生长周期分为苗期、叶丛生长期、块根增长期、糖分积累期4个时期，氮肥施用量为N 180 kg/hm²，其中50%氮肥在叶丛快速生长期随水滴施，30%在块根膨大期随水滴施，20%在糖分积累期随水滴施，磷钾肥施用量分别为P₂O₅ 225 kg/hm²，K₂O 150 kg/hm²，全部基施。其余间苗、定苗、中耕等田间管理措施各处理保持一致并参照当地大田。

4.1.4　测试指标

测试指标与方法同3.1.4。

4.1.5　数据处理与统计分析

试验结果用算术平均数和标准误表示测定结果的精密度（$X \pm SD$）。利用Microsoft Excel 2010软件、SPSS19.0数据分析软件进行试验数据的统计计算、统计检验和方差分析等工作。Origin 2018制作柱状积累图。

4.2　结果与分析

4.2.1　灌水量对甜菜生育期土壤含水量的影响

分析图4-1可以看出，土壤水分含量随灌水量的增加而增加，各处理下土壤含水量平均数值表现为：W1<W2<W3<W4，2020年W4处理各生育期平均土壤含

水量为22.23%，较W1处理下的17.63%显著高出26.10%。W1、W2、W3处理下，各生育期平均土壤含水量分别为19.78%、20.55%、21.21%，均略低于W4处理。W3处理与W4处理差异较小，较W1处理分别高出20.29%与7.2%。2021年W4处理各生育期平均土壤含水量为23.37%，W3处理各生育期平均土壤含水量为22.73%与W4处理差异较小。W1与W2处理下各生育期平均土壤含水量分别较W3处理降低18.39%、11.77%。

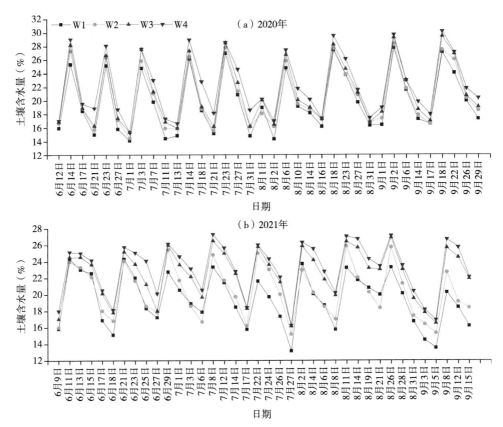

图4-1　灌水量对甜菜土壤含水量的影响

4.2.2　灌水量对甜菜生长的影响

4.2.2.1　灌水量对甜菜功能叶面积的影响

由表4-1可知，甜菜叶面积随灌水量的增加而增加，W4处理在各个时期均显著高于W1处理。2020年各试验处理中，W3处理与W4处理在块根膨大期存在显著性差异外，其余各时期均与W4处理不存在显著性差异。W4处理分别较W1、W2、W3处理显著高出14.91%、10.30%、9.19%。块根膨大期W4处理显著高于W1、W2处理，W3处理与W4处理间不存在显著性差异。W3处理与W4处理下糖分积累期甜菜叶面积不存在显著性差异，均显著高于W1处理。2021年各试验处理下，W4处理显著高于W1处理与W2处理，W3处理与W4处理不存在显著性差异。

表4-1 灌水量对各时期甜菜叶面积的影响

年份	处理	叶丛生长期（cm²）	块根膨大期（cm²）	糖分积累期（cm²）
2020	W1	266.22 ± 7.81 bc	294.73 ± 9.36 bc	272.71 ± 10.7 c
	W2	280.55 ± 0.87 abc	307.04 ± 5.87 b	279.55 ± 9.05 bc
	W3	287.32 ± 9.09 ab	310.15 ± 2.86 b	292.46 ± 7.23 ab
	W4	292.47 ± 10.44 a	338.68 ± 15.72 a	310.93 ± 9.62 a
2021	W1	244.88 ± 2.82 c	260.69 ± 13.02 b	202.11 ± 16.03 b
	W2	263.06 ± 10.44 b	269.62 ± 11.08 b	210.17 ± 6.51 b
	W3	283.73 ± 8.54 a	301.22 ± 7.05 a	226.26 ± 11.02 ab
	W4	291.05 ± 12.83 a	319.69 ± 22.12 a	249.52 ± 19.54 a

4.2.2.2 灌水量对甜菜丛高与叶片数的影响

由图4-2可以看出，灌水量显著影响甜菜丛高，丛高随甜菜灌水量的增加而增加，2020年叶丛生长期前期各处理间差异不显著，叶丛生长期后期均表现为W1<W2<W3<W4，W1处理为最低灌水量处理，灌水量的减少显著影响甜菜地上部的叶丛高度。W4处理与W3处理差异不显著但高于W1与W2处理，W3处理较W2处理高出14.01%，W4处理较W2处理高出16.08%。2021年叶丛生长期W1处理略低于其他处理，叶丛生长期后表现为W1处理与W2处理差异不显著但略低于W3处理与W4处理，W3处理与W4处理不存在显著性差异。

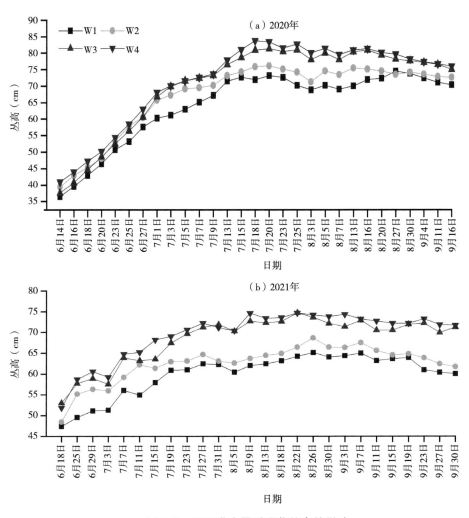

图4-2 不同灌水量对甜菜丛高的影响

由图4-3可以看出，灌水量显著影响甜菜叶片数，灌水量较高时，甜菜叶片数增长迅速，反之增长缓慢且枯萎脱落甜菜叶片数量减少。2020年在叶丛生长期前期，各处理间甜菜叶片数不存在显著性差异，W3处理与W4处理间并不存在显著性差异。在整个生育期中，W4处理较W2处理多出12.36%，存在显著性差异。块根膨大期后期，各处理甜菜叶片数开始呈不同程度的减少趋势，W1处理由于灌水量不足，叶片数量下降趋势显著高于其他处理，W3处理与W4处理间不存在显著性差异。2021年各处理下甜菜叶片数为每隔5 d测量一次，因此数据变化幅度大，处理间变化趋势不明显。

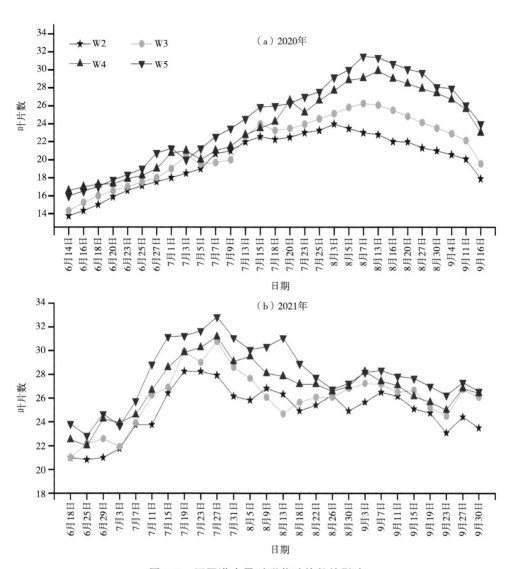

图4-3 不同灌水量对甜菜叶片数的影响

4.2.3 灌水量对甜菜光合特性的影响

表4-2为不同灌水量下甜菜各生育期的光合特性值，由图可见，2020年叶丛生长期各处理下光合特性指标受不同灌水量的影响而发生变化，其中各处理下蒸腾速率不存在显著性差异。W4处理胞间CO_2浓度显著低于其他处理，W2、W3、W4处理间气孔导度与净光合速率均不存在显著性，但均显著高于W1处理，块根膨大期各处理间光合特性同样存在差异，W2处理与W3处理胞间CO_2浓度显著高

于其他处理，W1处理下气孔导度显著低于其他灌水处理，W3处理与W4处理下净光合速率指标与蒸腾速率指标均不存在显著性差异，均显著高于W1处理与W2处理。糖分积累期W2处理与W1处理胞间CO_2浓度显著高于其他处理，各处理下气孔导度指标表现为W1<W2<W3<W4。2021年叶丛生长期各处理下胞间CO_2浓度均不存在显著性差异，其余各时期W1处理均显著高于W4处理。W4处理与W3处理在块根膨大期与糖分积累期气孔导度不存在显著性差异外，其余各时期W4处理均显著高于其他处理。

表4-2　不同灌水量对各时期甜菜光合特性的影响

年份	生育期	处理	胞间CO_2浓度 Ci（μmol·CO_2/ mol）	气孔导度 Gs［μmol·H_2O/ （m^2·d）］	净光合速率 Pn［μmol·CO_2/ （m^2·s）］	蒸腾速率 Tr［μmol·H_2O/ （m^2·d）］
2020	叶丛生长期	W1	149.00 ± 14.00 a	214.33 ± 18.58 ab	13.93 ± 2.75 b	4.02 ± 0.40 a
		W2	151.67 ± 5.13 a	235.00 ± 21.66 a	16.90 ± 2.09 a	4.35 ± 0.87 a
		W3	145.33 ± 7.57 a	237.67 ± 14.50 a	17.77 ± 2.33 a	4.48 ± 0.36 a
		W4	111.67 ± 4.73 b	246.33 ± 8.62 a	16.93 ± 1.75 a	4.45 ± 0.46 a
	块根膨大期	W1	191.33 ± 17.79 a	219.67 ± 19.04 a	21.10 ± 1.45 b	4.49 ± 0.25 b
		W2	185.33 ± 7.37 a	223.00 ± 14.53 a	23.17 ± 1.63 ab	4.70 ± 0.31 ab
		W3	181.00 ± 13.89 ab	227.67 ± 9.07 a	23.80 ± 1.59 a	5.12 ± 0.22 a
		W4	162.00 ± 7.81 bc	228.67 ± 2.52 a	24.13 ± 1.63 a	5.22 ± 0.32 a
	糖分积累期	W1	157.67 ± 10.12 a	164.33 ± 16.65 c	21.20 ± 1.48 ab	3.82 ± 0.37 ab
		W2	151.33 ± 7.64 a	171.67 ± 14.19 bc	23.93 ± 1.08 a	4.15 ± 0.13 ab
		W3	129.67 ± 9.07 b	193.67 ± 10.21 ab	24.23 ± 1.24 a	4.35 ± 0.69 a
		W4	116.00 ± 11.79 bc	219.33 ± 13.43 a	23.33 ± 1.46 a	4.40 ± 0.39 a

（续表）

年份	生育期	处理	胞间CO_2浓度 Ci（μmol·CO_2/ mol）	气孔导度 Gs［μmol·H_2O/ （m^2·d）］	净光合速率 Pn［μmol·CO_2/ （m^2·s）］	蒸腾速率 Tr［μmol·H_2O/ （m^2·d）］
2021	叶丛生长期	W1	238.00 ± 21.52 a	285.33 ± 27.47 d	13.97 ± 1.68 d	2.52 ± 0.49 c
		W2	223.00 ± 6.08 a	238.67 ± 27.02 c	16.53 ± 2.41 c	4.35 ± 0.45 ab
		W3	218.67 ± 13.05 a	302.00 ± 33.15 b	18.73 ± 1.23 ab	4.56 ± 0.07 ab
		W4	217.67 ± 11.24 ab	351.67 ± 29.94 a	20.76 ± 1.90 a	4.84 ± 0.24 a
	块根膨大期	W1	244.33 ± 9.07 a	214.67 ± 8.33 b	21.37 ± 0.57 d	1.32 ± 0.24 c
		W2	235.00 ± 8.72 a	315.67 ± 12.9 a	23.03 ± 0.61 c	2.01 ± 0.03 b
		W3	204.67 ± 8.96 b	322.33 ± 27.65 a	25.40 ± 1.45 b	2.22 ± 0.14 ab
		W4	193.67 ± 21.22 c	351.33 ± 40.00 a	28.73 ± 0.93 a	2.47 ± 0.19 a
	糖分积累期	W1	356.00 ± 31.10 a	223.33 ± 21.57 b	16.63 ± 1.62 ab	2.09 ± 0.09 d
		W2	338.33 ± 26.01 ab	237.67 ± 10.97 b	18.6 ± 1.32 ab	2.48 ± 0.51 c
		W3	320.00 ± 22.11 ab	286.67 ± 19.04 a	20.53 ± 1.02 a	3.13 ± 0.22 b
		W4	317.33 ± 9.07 b	306.00 ± 45.03 a	22.20 ± 0.36 a	4.38 ± 0.89 a

4.2.4　灌水量对各时期甜菜干物质积累的影响

分析图4-4可知，灌水量显著影响甜菜干物质积累。2020年甜菜叶丛生长期中，各灌水处理间甜菜干物质量均不存在显著差异。W4处理与W3处理间块根干物质量不存在显著差异，块根膨大期各处理间干物质量存在差异，W4处理与W3处理间茎叶干物质量不存在显著差异，均显著高于W1处理。W4处理块根干物质量显著高出W1处理20.71%，与其他处理间不存在显著差异。糖分积累期各处理间不存在显著差异。2021年W1处理在各个时期甜菜干物质量均显著低于其他处理，W3处理与W4处理在各个时期均不存在显著差异。

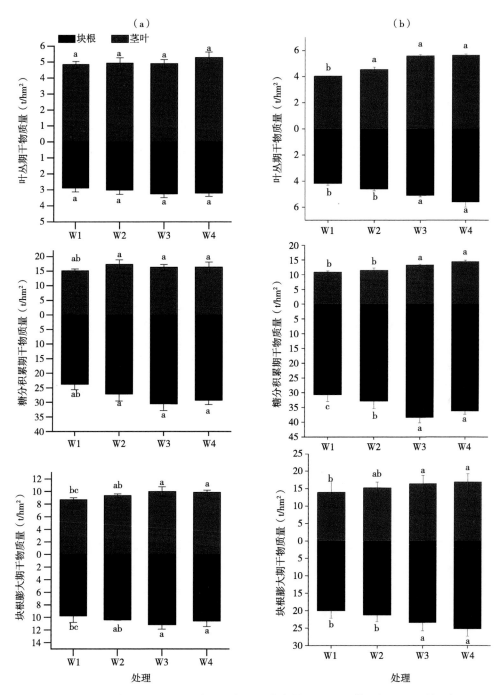

图4-4　2020年（a）和2021年（b）不同灌水量处理下甜菜干物质积累的比较

4.2.5 灌水量对甜菜产量和质量的影响

分析图4-5可得：灌水显著影响甜菜产量且产量随灌水量的减少而降低，灌水量的增加不会造成甜菜产量的同步增加，各处理间甜菜含糖率不存在显著差异。2020年W2、W3、W4处理间不存在显著性差异，W2处理较W1处理显著增产14.24%，W3处理较W2处理显著增产21.69%。W1处理与W2处理间不存在显著差异，显著低于其他处理。W2处理产糖量与W3处理不存在显著差异外，较W1、W4处理分别显著增加35.22%、24.7%，其他处理灌水间产糖量均不存在显著差异。2021年W3处理与W4处理在产量、含糖率、产糖量方面均不存在显著差异，但W4与W3处理在产量与产糖量方面显著高于W1、W2处理。

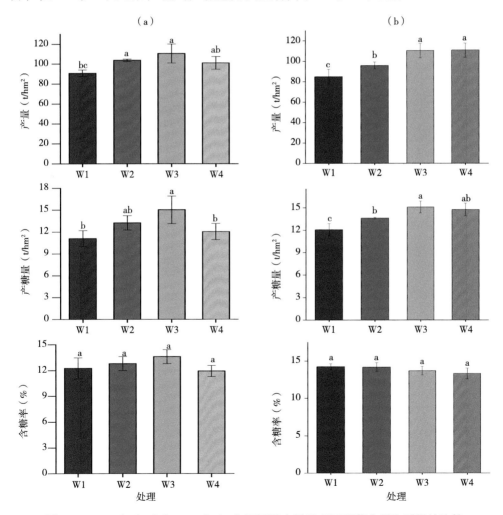

图4-5 2020年（a）和2021年（b）不同灌水量处理下甜菜产量和质量的比较

4.3 讨论

不同灌水量显著影响甜菜叶面积。叶片是光合作用的主要器官，对产量的贡献较大；叶丛的生长对甜菜产量和糖分积累也有重要的作用。本研究发现，灌水均显著影响甜菜丛高、叶片数、叶面积，其中7 500 m³/hm²灌水处理与6 000 m³/hm²灌水处理显著优于其他处理。梁哲军等研究表明，玉米丛高和叶面积指数随灌水量的增加而增加（梁哲军等，2014；Zhou et al.，2016）。韩凯虹研究发现灌水量的减少会明显抑制甜菜的丛高、叶片数、叶面积及根粗的生长，这与本研究结果基本一致（韩凯虹，2015）。高卫时等（2014）研究提出不同覆膜处理间植株叶片数无显著性差异，且表明影响甜菜叶片数的因素多为甜菜品种本身因素；在本试验中，不同灌水处理下甜菜叶片数表现为W1<W2<W3<W4，其根本原因或许与灌水量影响叶片生长与萎蔫有关。在本试验中，7 500 m³/hm²灌水处理与6 000 m³/hm²灌水处理叶丛高度之间无显著性差异，但显著高于3 000 m³/hm²灌水处理，7 500 m³/hm²灌水处理与6 000 m³/hm²灌水处理叶片数显著高于3 000 m³/hm²灌水处理，这可能是由于3 000 m³/hm²灌水处理难以满足甜菜生长所需要的水分，叶片萎蔫脱落造成的。

水分不仅影响作物的生长指标如丛高、叶面积指数等，而且影响作物的光合指标如净光合速率、蒸腾速率和气孔导度等（汤瑛芳等，2013）。甜菜营养生长主要靠光合作用制造有机营养物质，在本研究中，7 500 m³/hm²灌水处理与6 000 m³/hm²灌水处理较3 000 m³/hm²灌水处理显著增加甜菜净光合速率、蒸腾速率、气孔导度，原因可能是因为灌水量的增加，提高了土壤含水量，提高水分利用率为甜菜光合提供良好的土壤环境。叶片水分是影响气孔导度的主要原因（武东霞，2014），7 500 m³/hm²灌水处理与6 000 m³/hm²灌水处理均可增加叶片水分，因此气孔导度显著高于其他处理，前人研究发现，蒸腾速率和气孔导度的下降是植物为避免过度失水所进行的自我调节，这与本研究中，3 000 m³/hm²灌水处理蒸腾速率和气孔导度显著低于其他处理的研究结果基本一致。张娜等（2014）研究表明，冬小麦叶片光合速率、气孔导度和蒸腾速率均随滴灌量的增加而增加，而胞间CO_2浓度随滴灌量增加而减小，这与本研究结果基本一致。而Lin et al.（2000）研究提出：作物遭遇水分胁迫时，气孔关闭会导致胞间CO_2浓度降低，最终造成植物的净光合速率下降。因此胞间CO_2浓度的高低并不是简单地随灌水量增加而增加或减少的趋势，胞间CO_2浓度的高低还取决于不同作物品种与具体灌水量。

甜菜干物质积累是决定甜菜产量的重要因素，而甜菜的干物质积累与分配受到土壤水分条件的影响，较好的水分条件有利于甜菜的干物质积累，增加甜菜的生物产量（朱文美，2018）。因此充足的灌水量可以显著提高甜菜干物质的积累，不同灌水量对甜菜干物质积累存在显著性影响。糖分积累期4 500 m^3/hm^2、6 000 m^3/hm^2、7 500 m^3/hm^2灌水处理间不存在显著性差异，分别平均较3 000 m^3/hm^2处理高出18.95%、20.27%、21.37%。灌水量的增加不仅不会造成甜菜产量的同步增加，还会造成甜菜含糖率的降低，从而造成甜菜产糖量的降低，在本试验中7 500 m^3/hm^2灌水处理产糖量显著低于6 000 m^3/hm^2灌水处理，这与前人研究结果基本一致。

4.4　小结

双管双膜配置下不同灌水量显著影响耕层土壤含水量，处理间土壤含水量表现为3 000 m^3/hm^2<4 500 m^3/hm^2<6 000 m^3/hm^2<7 500 m^3/hm^2，两年试验处理中7 500 m^3/hm^2处理较3 000 m^3/hm^2处理平均高出7.2%。6 000 m^3/hm^2灌水处理下甜菜各项生长指标与7 500 m^3/hm^2处理不存在显著差异，同时，6 000 m^3/hm^2灌水处理下甜菜产量与含糖率略高于7 500 m^3/hm^2处理，甜菜产糖量较7 500 m^3/hm^2处理平均高出24.7%，3 000 m^3/hm^2处理在甜菜叶面积、丛高、叶片数等甜菜生长指标方面均显著低于其他处理。综合来看，6 000 m^3/hm^2处理可以在减少灌水量的同时，保证甜菜正常生长优于其他覆膜灌水量处理，提高甜菜产糖量。

第5章

不同氮肥施用量对甜菜生长发育的调控效应

　　甜菜生长过程中，氮作为肥料三元素之首，对其生长发育有极其重要的作用，甜菜的施肥量较大，且需肥时期也相对较长。施氮水平会极大影响叶片的光合能力，光合作用是甜菜块根产糖量形成的重要影响因素。氮能够促进新梢生长，增大叶面积，增加叶片厚度，增加叶片内的叶绿素含量，提高光合效能，而叶片的生长情况在很大程度上影响了糖分在块根中的形成和积累。因此，明确甜菜对氮的吸收代谢特性是甜菜合理施氮的基础，其中充而不余的施氮对于甜菜丰产、高糖至关重要。

5.1　材料与方法

5.1.1　研究地概况

　　盆栽试验于2021年在新疆农业科学院安宁渠试验场试验地旁开展，供试土壤为周边耕层土壤，有机质7.02 g/kg、碱解氮77.9 mg/kg、有效磷20.73 mg/kg、速效钾338.4 mg/kg，试验所用甜菜品种为美国Beta公司生产的E型丸衣化单胚种Beta379，化肥为尿素（N≥46.4%）、磷酸一铵（N≥12%，P_2O_5≥61%）、硫酸钾（K_2O≥51.7%）。

　　大田试验于2021—2022年在新疆农业科学院安宁渠试验场开展，试验地土壤类型为灰漠土，土壤质地为砂壤土，前茬作物玉米。土壤基础理化性质：有机质7.86 g/kg，碱解氮76.9 mg/kg，有效磷34.89 mg/kg，速效钾335.6 mg/kg。试验所用甜菜品种、化肥均与盆栽试验一致。

5.1.2　试验设计

盆栽试验取用大田耕层土壤、过筛（1 cm）混匀后装入相同规格的塑料盆中，每盆装土14 kg，按磷肥（P_2O_5）15 kg/亩、钾肥（K_2O）10 kg/亩以种肥一次性施入，氮肥随水追施，其中氮肥施用量（纯氮）设6个处理为N0：0 kg/hm²；N1：180 kg/hm²；N2：150 kg/hm²；N3：120 kg/hm²；N4：90 kg/hm²；N5：60 kg/hm²。每个处理重复10次。

大田试验同样设置6个处理：N0：0 kg/hm²；N1：180 kg/hm²；N2：150 kg/hm²；N3：120 kg/hm²；N4：90 kg/hm²；N5：60 kg/hm²。每个处理3次重复，随机区组排列。试验小区为长10 m，宽2 m的长方形区域，小区灌溉方式为滴灌，生育期总灌水量6 000 m³/hm²，各处理均由单独水表控制灌水量保持一致。施肥方法随水滴施，追施比例为叶丛快速生长期∶块根及糖分增长期∶糖分积累期=5∶3∶2，其余田间管理措施与当地大田一致。

5.1.3　测试指标

甜菜倒4叶面积：测试方法同3.1.4。

植株干物质积累量：测试方法同3.1.4。

光合特性：测试方法同3.1.4。

土壤养分测定：土壤碱解氮采用碱解扩散法测定；土壤有效磷采用$NaHCO_3$浸提—钼锑抗比色法测定；土壤速效钾采用醋酸铵浸提—火焰光度法测定；土壤有机质采用重铬酸钾—外加热法测定。

植株养分吸收量测定：植株样品烘干后，用H_2SO_4-H_2O_2消煮，奈式比色法测氮；钒钼黄比色法测磷；火焰光度计测钾。

糖分测定：测试方法同3.1.4。

产量测定：测试方法同3.1.4。

其他生长指标：测试方法同3.1.4。

5.1.4　数据处理与统计分析

试验结果用算术平均数和标准误表示测定结果的精密度（$X \pm SD$）。利用Microsoft Excel 2010软件、SPSS19.0数据分析软件进行试验数据的统计计算、统计检验和方差分析等工作。Origin 2018制作柱状积累图与点线图。

5.2 盆栽试验结果与分析

5.2.1 氮肥施用量对甜菜生长发育的影响

由图5-1可以看出施氮量显著影响甜菜后期丛高的生长，叶丛生长期前期各施肥处理间均不存在显著差异，叶丛生长期后，N4、N5处理甜菜生长缓慢，丛高显著低于N1、N2处理。

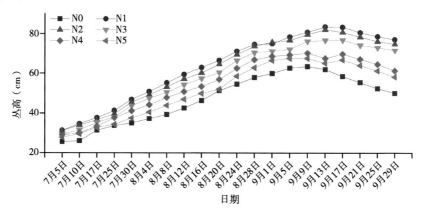

图5-1 氮肥施用量对甜菜丛高的影响

N1与N2处理在各个时期甜菜叶片数均不存在显著差异，在叶丛生长期后期均显著高于N4处理与N5处理；N3处理在块根膨大期均显著低于N1处理与N2处理，在糖分积累期时与N2处理差异不显著（图5-2）。

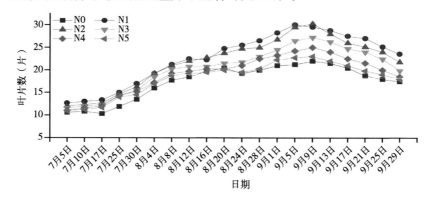

图5-2 氮肥施用量对甜菜叶片数的影响

叶丛生长期N1、N2、N3、N4处理间不存在显著差异，N1，N2处理较N5处理高出21.46%与19.11%，存在显著差异。块根膨大期甜菜叶面积较叶丛生长期甜菜叶面积略有降低，块根膨大期N1、N2、N3处理间不存在显著差异，其中N1、N2处理显著高于N4、N5处理，N1处理较N4、N5处理分别高出27.93%、40.11%；N2处理较N4N5处理分别高出19.73%、31.14%。糖分积累期各施肥处理间差异显著，N1处理与N2处理间不存在显著差异但显著高于其他处理，N1处理分别较N3、N4、N5处理显著增加19.09%、36.79%、50.65%；N2处理分别较N3、N4、N5处理显著增加15.19%、32.31%、45.71%；N3处理较N5处理增加26.49%，且存在显著差异（图5-3）。

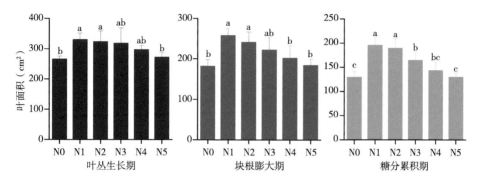

图5-3　氮肥施用量对甜菜叶面积的影响

5.2.2　氮肥施用量对甜菜光合特性的影响

图5-4为叶丛生长期不同施氮量对甜菜光合特性影响图，分析图5-4可得，各施肥处理间甜菜气孔导度与净光合速率不存在显著差异，胞间CO_2浓度与蒸

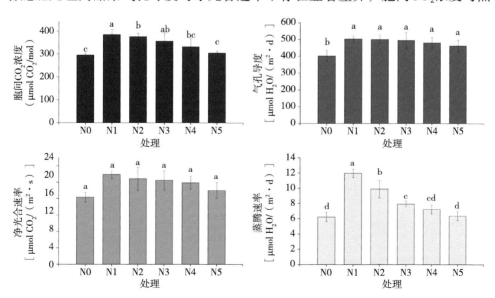

图5-4　氮肥施用量对甜菜叶丛生长期光合特性的影响

腾速率存在显著差异。施氮量的降低显著影响甜菜生长发育，N1处理与N3处理胞间CO_2浓度显著高于N0与N5处理，N4处理与N0、N5处理间不存在显著差异。N1蒸腾速率显著高于其他处理，N2处理显著低于N1处理外，显著高于其他处理，N4处理与N0、N5处理间不存在显著差异外，显著高于其他处理。

图5-5为块根膨大期不同施氮量对甜菜光合特性影响图，分析图5-5可得，N1处理、N2处理与N3、N4处理胞间CO_2浓度不存在显著差异，均显著高于N0处理，N1处理、N2处理与N3、N4、N5处理间气孔导度不存在显著差异，但显著高于N0处理。N1处理净光合速率较N3、N4、N5处理高出20.32%、33.19%、42.19%，均存在显著差异，N1处理与N2处理、N3处理间蒸腾速率不存在显著差异外，较N4、N5处理显著高出33.83%、44.01%。

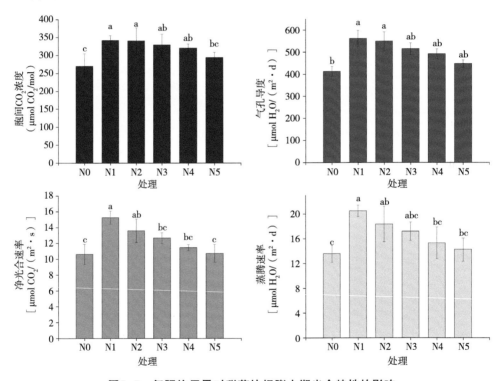

图5-5 氮肥施用量对甜菜块根膨大期光合特性的影响

分析图5-6可得，施肥量显著影响甜菜光合特性，N1处理与N2处理间胞间CO_2浓度不存在显著差异，但显著高于其他处理，N1处理较N3、N4、N5处理分别显著增加17.94%、21.69%、88.25%；N1处理与N2处理间胞间气孔导度同样不存在显著性，而N1处理较N3、N4、N5处理分别高出16.56%、20.88%、24.95%，均存在显著差异。N1处理净光合速率较N3、N4、N5处理分别16.29%、

17.47%、20.52%，均存在显著差异。N1处理与N2、N3处理间不存在显著差异，但显著高于N4与N5处理。

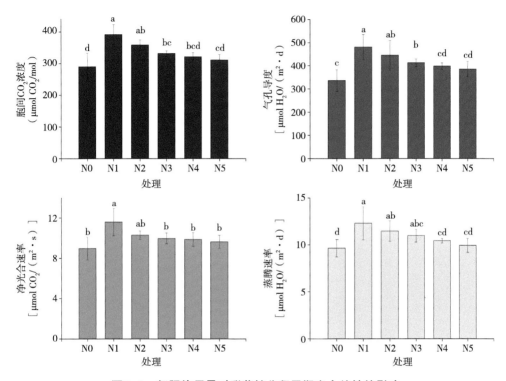

图5-6　氮肥施用量对甜菜糖分积累期光合特性的影响

5.2.3　氮肥施用量对甜菜干物质积累的影响

图5-7所示为氮肥施用量对甜菜干物质量的影响。由图可见，各时期不同施肥处理下甜菜干物质积累同样存在显著差异，叶丛生长期N1、N2、N3处理间块根干物质积累不存在显著差异，显著高于N4、N5处理。N1处理块根干物质积累量与N2、N3处理均不存在显著差异，较N4、N5处理显著增加4.83%、6.92%；而N2处理较N5处理增加7.15%，存在显著差异。块根膨大期N1、N2、N3处理间茎叶干物质以及块根干物质均不存在显著差异；N1处理块根干物质较N4、N5处理显著高出13.64%、19.95%；N2处理块根干物质较N5处理显著高出14.31%；N1处理茎叶干物质较N5处理显著增加17.07%，其他处理间不存在显著差异。糖分积累期时，N1与N2处理间茎叶干物质以及块根干物质均不存在显著差异，但均显著高于N4、N5处理。

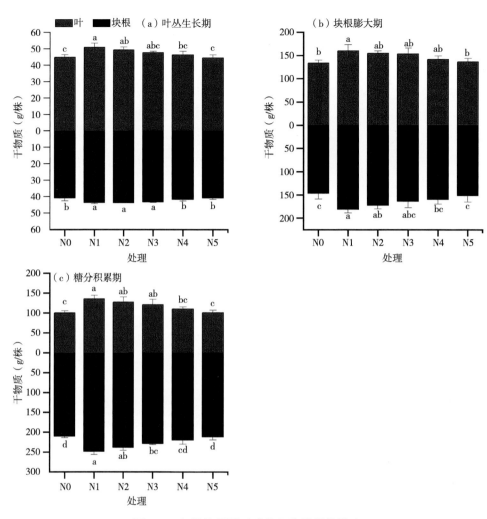

图5-7 氮肥施用量对甜菜干物质量的影响

5.2.4 氮肥施用量对植株养分积累的影响

分析图5-8可知，氮肥施用量的降低会造成植株氮养分积累量不同程度的降低，其中N1处理较N2、N3、N4、N5处理块根氮积累量分别显著增加9.75%、17.32%、24.69%、43.62%；N2处理较N3、N4、N5处理块根氮积累量分别显著增加6.89%、13.62%、30.85%；N1处理较N3、N4、N5处理茎叶氮积累量分别显著增加16.55%、30.79%、44.62%；N2处理较N4、N5处理增加22.29%、35.22%；存在显著差异。各施肥处理磷养分积累量均显著高于N0处理。除N3、N4处理间不存在显著差异外，其余各处理间甜菜磷积累量均存在显著差异，其中N1处理块根磷积累量较N2、N3、N4、N5处理显著增加8.36%、24.02%、24.36%、45.26%；N2处理较N3、N4、N5处理显著增加25.35%、30.52%、42.51%。N1茎叶磷积累量较N2、N3、N4、N5处理显著增加47.87%、102.46%、122.95%、203.57%，N2茎叶磷积累量较N3、N4、N5处理显著增加36.92%、50.78%、105.29%。施氮量的减少，同样造成甜菜植株钾养分的积累量的减少，N1处理块根钾积累量较N2、N3、N4、N5处理增加6.43%、11.33%、27.19%、40.97%；均存在显著差异；N1、N2、N3处理茎叶钾积累量分别较N5处理显著增加49.37%、35.99%、30.43%，均存在显著差异。

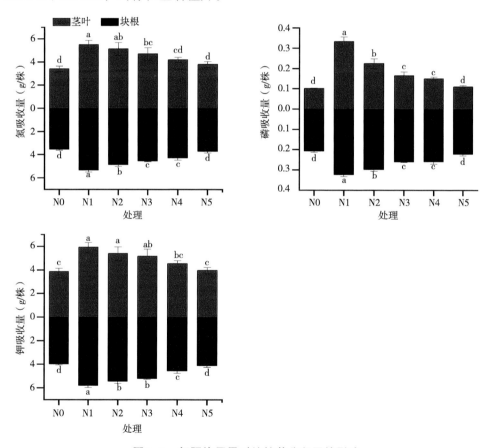

图5-8　氮肥施用量对植株养分积累的影响

5.2.5　氮肥施用量对甜菜产量和质量的影响

图5-9所示为氮肥施用量对甜菜产量和质量的影响。施氮量的高低显著影响甜菜产量，N1、N2、N3处理间产量不存在显著差异，N4处理分别较N1、

N2处理显著减产9.41%、9.41%，N5处理分别较N1、N2处理显著减产14.81%、14.81%，N3处理较N5处理增产7.41%，存在显著差异。N2处理与N1处理不存在显著差异，但显高于N0、N4、N5处理。不施氮肥处理下甜菜含糖量显著高于其他施肥处理，各施肥处理间甜菜含糖量不存在显著差异。N2处理含糖量略高于N1处理，但差异不显著，N2处理产糖量较N1处理增加2.13%，不存在显著差异。N2处理产糖量较N3、N4、N5处理分别显著增加5.79%、14.17%、11.90%。

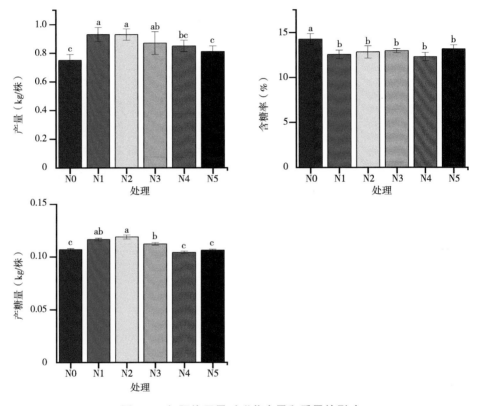

图5-9　氮肥施用量对甜菜产量和质量的影响

5.3　大田试验结果与分析

5.3.1　氮肥施用量对甜菜生长发育的影响

由图5-10可以看出，施氮量显著影响甜菜后期丛高的生长，叶丛生长期前期各施肥处理间均不存在显著差异，叶丛生长期中后期，各施肥量处理间差异逐渐增加，N5处理与N0处理甜菜叶丛生长缓慢，丛高显著低于N1、N2处理，N1与N2处理间差异不显著。

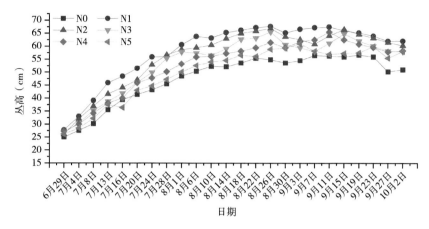

图5-10　氮肥施用量对甜菜丛高的影响

图5-11为氮肥施用量对甜菜叶片数的影响，各处理叶丛生长期前期甜菜叶片数不存在显著差异，叶丛生长期后期各处理下甜菜叶片数差异逐渐增加，N1处理下甜菜叶片数略高于N2、N3、N4处理，N2、N3、N4处理间不存在显著差异，N5处理下甜菜叶片数显著少于其他施肥处理。

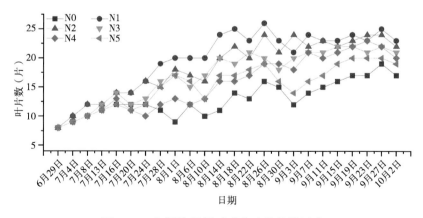

图5-11　氮肥施用量对甜菜叶片数的影响

图5-12为各时期氮肥施用量对甜菜叶面积的影响，叶丛生长期各施肥处理间甜菜叶面积不存在显著差异，N1、N2处理分别较N0处理显著增加26.67%与24.79%，其他减施氮肥处理与不施肥处理间差异不显著。块根膨大期N1处理下甜菜叶面积为248.28 cm²，N5与N0处理下甜菜叶面积较N1处理分别显著减少

21.67%与27.29%，其他各施肥处理与N1处理均不存在显著差异。糖分积累期N1处理与N2、N3处理均不存在显著差异，较N0、N4、N5处理分别显著增加21.65%、16.53%、20.04%。N2处理与N1、N3、N4处理均不存在显著差异，较N0与N5处理显著增加19.38%与17.79%。

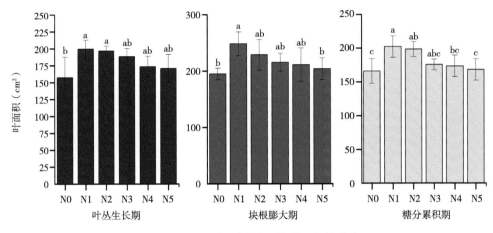

图5-12　氮肥施用量对甜菜叶面积的影响

5.3.2　氮肥施用量对甜菜光合特性的影响

表5-1为不同时期不同施氮量对甜菜光合特性的影响，由表5-1可以看出施氮量影响甜菜生长的同时，还会影响甜菜各项光合特性指标，叶丛生长期中，N1、N2处理间各项光合特性指标均不存在显著差异，N1处理胞间CO_2浓度显著高于N3、N4、N5处理，N2处理较N4、N5、N0处理分别显著增加12.69%、17.76%、32.34%。N1处理气孔导度指数较N3、N4、N5处理分别显著增加15.82%、27.07%、32.78%，N2处理下气孔导度指数较N3、N4、N5处理分别显著增加15.24%、26.44%、32.12%，其他各施氮量处理间不存在显著差异。N2、N3、N4、N5处理间净光合速率均不存在显著差异。N2处理下蒸腾速率较N4与N5处理显著增加28.47%与32.85%。块根膨大期N2处理下甜菜光合特性各项指标与N1、N3处理均不存在显著差异，各处理下蒸腾速率同样不存在显著差异，N2处理较N4、N5、N0处理分别显著增加21.26%、33.54%、39.39%。糖分积累期，各施肥处理间胞间CO_2浓度与气孔导度均不存在显著差异，N2处理净光合速率较N0、N4、N5处理显著增加32.45%、19.45%、21.16%。

表5-1 氮肥施用量对甜菜光合特性的影响

生育期	处理	胞间CO_2浓度（$\mu mol \cdot CO_2/mol$）	气孔导度［$\mu mol \cdot H_2O/（m^2 \cdot d）$］	净光合速率［$\mu mol \cdot CO_2/（m^2 \cdot s）$］	蒸腾速率［$\mu mol \cdot H_2O/（m^2 \cdot d）$］
叶丛生长期	N0	145.33 ± 8.62 d	192.67 ± 9.07 c	11.93 ± 1.70 b	3.82 ± 0.65 c
	N1	202.33 ± 13.50 a	266.00 ± 23.07 a	16.57 ± 0.47 a	5.84 ± 0.18 a
	N2	192.33 ± 6.11 ab	264.67 ± 22.55 a	15.73 ± 1.00 a	5.46 ± 0.31 a
	N3	173.67 ± 17.62 bc	229.67 ± 11.85 b	15.20 ± 1.45 a	4.93 ± 0.75 ab
	N4	170.67 ± 10.79 c	209.33 ± 6.66 bc	14.17 ± 1.59 ab	4.25 ± 0.72 bc
	N5	163.33 ± 7.37 cd	200.33 ± 8.39 c	12.20 ± 1.08 b	4.11 ± 0.30 bc
块根膨大期	N0	152.33 ± 25.15 c	205.33 ± 14.47 c	20.57 ± 2.55 c	3.23 ± 0.53 a
	N1	224.67 ± 17.47 a	279.33 ± 17.39 a	27.17 ± 1.21 a	4.19 ± 0.66 a
	N2	212.33 ± 9.07 a	268.33 ± 13.87 ab	26.80 ± 2.26 ab	3.97 ± 0.50 a
	N3	198.33 ± 14.15 ab	251.33 ± 35.02 ab	24.70 ± 1.76 abc	3.92 ± 0.63 a
	N4	174.67 ± 14.05 bc	233.00 ± 17.06 bc	22.90 ± 2.43 abc	3.80 ± 0.29 a
	N5	159.00 ± 17.35 c	229.67 ± 24.70 bc	22.37 ± 3.37 bc	3.80 ± 0.18 a
糖分积累期	N0	149.67 ± 11.02 b	174.00 ± 11.14 b	14.70 ± 1.54 c	2.75 ± 0.30 c
	N1	188.00 ± 16.09 a	216.67 ± 10.21 a	20.03 ± 0.65 a	3.93 ± 0.44 a
	N2	181.33 ± 34.08 ab	204.33 ± 26.08 ab	19.47 ± 1.32 a	3.57 ± 0.41 ab
	N3	172.67 ± 16.50 ab	199.67 ± 4.04 ab	17.70 ± 1.21 ab	3.48 ± 0.28 ab
	N4	169.67 ± 3.51 ab	192.00 ± 11.53 ab	16.30 ± 1.01 bc	3.30 ± 0.09 abc
	N5	162.33 ± 19.86 ab	186.00 ± 25.24 ab	16.07 ± 1.96 bc	2.91 ± 0.45 bc

5.3.3 氮肥施用量对甜菜干物质的影响

图5-13为各时期氮肥施用量对甜菜干物质积累的影响，由图可以看出，不同氮肥施用量对糖分积累期甜菜块根干物质积累影响显著。叶丛生长期中，N1与N2、N3、N4处理间茎叶干物质量不存在显著性差异，N1处理较N0与N5处理显著增加24.33%与16.94%，N5处理甜菜块根干物质量显著低于其他施肥处理，

其他各施肥处理间不存在显著差异，N1处理较N0与N5处理显著增加15.75%与9.50%，N2处理较N0与N5处理显著增加15.52%与9.29%。块根膨大期，各施肥处理间甜菜茎叶干物质量不存在显著差异，其中N1与N2处理分别较N0处理显著增加23.68%与22.18%。N1处理与N2处理块根干物质量同样不存在显著差异，分别较N0处理显著增加30.48%与27.01%。糖分积累期N1处理与N2处理茎叶干物质量不存在显著差异外，显著高于其他处理，N2处理与N1、N3处理均不存在显著差异。N1处理分别较N3、N4、N5、N0处理显著增加13.31%、21.38%、22.95%、45.59%，N2处理分别较N4、N5、N0处理显著增加15.77%、23.79%、38.86%。

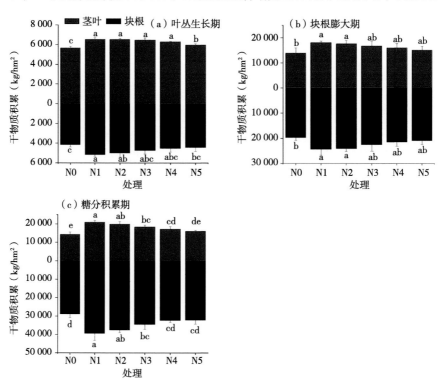

图5-13　氮肥施用量对甜菜干物质积累的影响

5.3.4　氮肥施用量对植株养分积累的影响

分析图5-14可得，氮肥施用量的降低会造成糖分积累期植株养分积累量不同程度的降低，N1处理与N2处理间茎叶氮积累量不存在显著性，但显著高于其他处理，N1处理茎叶氮积累量较N0、N3、N4、N5处理分别显著增加88.24%、26.49%、40.15%、53.37%，N2处理茎叶氮积累量较N0、N3、N4、N5处理分别显著增加74.02%、16.93%、29.56%、41.77%。N1处理块根氮积累量较N0、N3、N4、N5处理分别显著增加59.91%、16.34%、25.46%、29.17%，与N2处理不存在显著差异。N2处理块根氮积累量较N0、N4、N5处理分别显著增加51.17%、18.60%、22.11%。N2处理下甜菜茎叶磷积累量较N0、N3、N4、N5处理分别显著增加72.51%、11.23%、21.19%、47.74%，与N1处理不存在显著差异。N2处理块根磷积累量与N1、N3处理均不存在显著差异，较N0、N4、N5处理分别显著增加64.28%、24.25%、26.32%。N2处理茎叶钾积累量与N1、N3处理均不存在显著差异，较N0、N4、N5处理分别显著增加75.36%、33.41%、48.09%。N2处理块根钾积累量与N1、N3、N4处理均不存在显著差异，较N0与N5处理分别显著增加37.76%与25.50%。

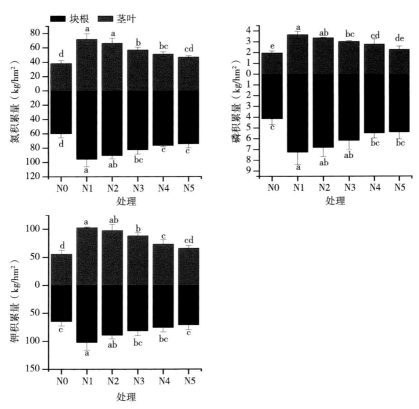

图5-14 氮肥施用量对植株养分积累的影响

5.3.5 氮肥施用量对甜菜产量和质量的影响

如图5-15所示，施氮量的高低显著影响甜菜产量与产糖量，对甜菜含糖率影响不显著。N1处理下甜菜单根重与N2、N3、N4处理均不存在显著差异，较N5与N0处理显著增加36.13%与9.96%。N2处理产量与N1、N3处理不存在显著差异，N4、N5处理较N1处理显著减产13.78%与15.71%，N2处理较N4、N5处理显著增产12.60%与14.52%。N2处理产糖量与N1、N3处理不存在显著差异，较N0、N4、N5处理显著增加13.23%、13.32%、27.91%。

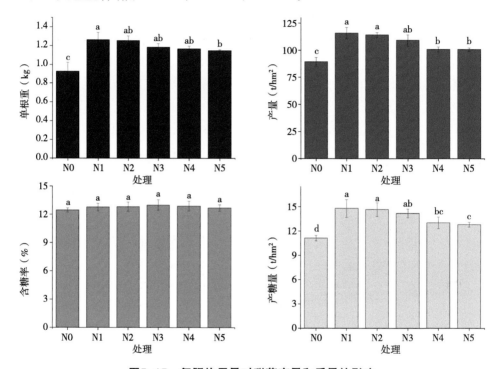

图5-15　氮肥施用量对甜菜产量和质量的影响

5.4　讨论

　　甜菜是收获地下块根作物，施氮水平直接影响甜菜干物质积累与分配、氮素的吸收及转运。本研究结果表明随施氮量的减少，甜菜地上部、地下部干物质积累量均存在不同程度的减少，盆栽试验中，糖分积累期时，150 kg/hm²与180 kg/hm²处理间茎叶干物质以及块根干物质均不存在显著差异，但均显著高于90 kg/hm²、60 kg/hm²处理。大田试验同样发现150 kg/hm²与120 kg/hm²处理间茎叶干物质以及块根干物质均不存在显著差异，因此适宜的氮肥施用量减少不会造成甜菜干物质积累量的显著减少。前人研究表明，无论是水稻还是小麦，随着氮肥施用量的减少，干物质积累量也会显著降低，而过量的化肥施入并不能无限增加小麦干物质，这与本研究结果基本一致。

前人研究发现减施化肥处理的小麦植株氮磷钾积累量均显著低于常规施肥处理，表明化学肥料的减施不利于植株的氮磷钾积累，不能满足作物生长过程中对养分的需求，导致减肥处理的长势弱于常规处理（Fan et al.，2012；鲁伟丹，2021），这与本实验结果基本一致。Zhang et al.（2016）研究了不同施氮量对氮、磷、钾吸收配的影响，结果表明，在一定的施氮量范围内，施氮量的增加，可以显著增加植株的氮、磷、钾积累量；增加叶片、叶柄和块根中的氮、磷、钾积累量和百分含量，叶片和叶柄的增幅显著大于块根。而氮肥的减少不仅造成土壤速效养分含量的降低，同样造成了甜菜植株养分积累量的降低，赵亚南等（2021）研究表明施氮能够增加甜菜地上部、地下部及整株的吸氮量，且增加地下部氮素分配比例，在本试验中，盆栽试验与大田试验均表现为氮肥施用量的减少造成甜菜植株养分吸收量的降低，60～120 kg/hm²氮肥处理植株养分吸收量显著降低，150 kg/hm²与180 kg/hm²处理间不存在显著性差异。

郑存德等（2012）研究表明，甜菜叶面积指数随施氮量的增加呈逐步递增的趋势，适宜的施氮量有利于甜菜干物质的积累，从而促进产量的提高。因此施氮量与甜菜单株干物质的积累有着紧密的联系，干物质量与施氮量呈正相关关系。但施氮量超过植株正常生长发育所需时，多数光合产物将巧于部分叶片的过度徒长，而使块根部分的干物质和蔗糖的含量下降，适量施氮能协调甜菜最佳产量和含糖量（谢军等，2016），施肥不足会限制块根产量，而过度施氮会降低蔗糖浓度，增加甜菜杂质，影响蔗糖回收，在本试验中，盆栽试验发现不同施氮量处理下甜菜含糖量均小于不施肥处理，各施肥处理间甜菜含糖量不存在显著差异，而大田试验发现不施肥处理与各施肥处理下甜菜含糖量均不存在显著差异，究其根本原因或许与试验方法不同有关。甜菜块根产量均呈线性增长，但适宜的减施化肥对产糖量无显著性差异，本结果也表现出相同的趋势。因此在甜菜生产中，要同时兼顾甜菜块根产量和品质，不宜施用过多氮肥。

5.5　小结

施氮量的降低会影响甜菜生长，在本研究盆栽试验中，150 kg/hm²处理甜菜叶片数分别较120 kg/hm²、90 kg/hm²、60 kg/hm²处理显著增加15.19%、32.31%、

45.71%；120 kg/hm^{2}处理较N5处理增加26.49%，且存在显著差异。叶片数量的减少会影响甜菜光合速率，因此，120 kg/hm^2、90 kg/hm^2、60 kg/hm^{2}处理下光合速率低于其他施肥处理。150 kg/hm^{2}处理下甜菜茎叶干物质量、块根干物质量均与180 kg/hm^{2}处理下不存在显著差异，150 kg/hm^{2}处理产量与180 kg/hm^{2}处理不存在显著差异，较90 kg/hm^2、60 kg/hm^{2}处理显著增产9.41%、14.81%。盆栽试验中150 kg/hm^{2}处理产糖量较120 kg/hm^2、90 kg/hm^2、60 kg/hm^{2}处理分别显著增加5.79%、14.17%、11.90%。大田试验结果与盆栽试验结果基本一致，150 kg/hm^{2}处理与180 kg/hm^{2}处理在甜菜生长发育、光合特性与产量和质量均不存在显著差异。综上所述，150 kg/hm^{2}处理可以保证甜菜产量，小幅度增加甜菜含糖量，较其他减施氮肥处理提高甜菜产糖量，适宜新疆甜菜种植。

第 6 章

主要结论及展望

6.1　主要研究结论

本研究从新疆甜菜种植所面临的实际问题出发，通过大田试验与盆栽试验，探索最适宜新疆甜菜种植区的甜菜种植品种、施氮量、滴管带配置方式以及覆膜方式与灌水量，形成最适合新疆地区的甜菜栽培模式，提高水、肥利用率，促使甜菜向着高产、优质、高效、节水的方向发展。得出主要结论如下。

第一，甜菜品种Beta379在昌吉，石河子，伊犁3个生态区表现均较好，地下部干物质积累量、含糖量和产量均为最高，变异系数分别为0.71、1.05和0.68，生态适应性较强，该品种在产量和含糖量方面处于优势；适宜于新疆地区推广种植；KWS9968，KWS5599，KWS6637这些品种不仅光合性状和农艺性状较优良，在不同地区的适应性也较强，因此这些品种可以作为新疆地区推广种植的首选品种。

第二，在新疆甜菜产区膜下滴灌栽培条件下，双管配置相对于单管配置、双白膜覆膜方式相对于其他类型覆膜方式，可以减少土壤水分蒸发流失，为甜菜生长提高适宜温度，显著提高作物的根系干重，增加根系总根长与比根长，促进根系的生长和发育，从而增大作物单根重等产量构成因子，增加甜菜产量和产糖量，进而显著增加灌溉水利用效率。将一膜双管和双白膜覆盖相结合，显著提高产量和灌溉水利用效率，是滴灌栽培最佳配套模式。

第三，双膜覆盖情况下，7 500 m³/hm²灌水处理以及6 000 m³/hm²灌水处理显著优于3 000 m³/hm²灌水处理；覆双膜处理较其他处理可以有效的减少田间水分蒸发，为甜菜生长发育提供良好的土壤环境。灌水量的增加不仅不会造成甜菜产量和质量的同步增加还会造成甜菜含糖率减少的问题，从而导致7 500 m³/hm²灌水处理下甜菜产糖量显著低于6 000 m³/hm²灌水处理，略低于4 500 m³/hm²灌水处理。因此双膜6 000 m³/hm²与4 500 m³/hm²灌水处理均可以在减少灌水的前提下，保证甜菜正常生长发育，达到甜菜节水稳产甚至增产的目的，但4 500 m³/hm²灌水处理产量会较6 000 m³/hm²处理略有降低，并不是农户种植甜菜的最优选择。

第四，随施氮量的减少，甜菜耕层土壤速效养分含量以及甜菜植株养分积累量均呈现不同程度的降低趋势。减施化肥处理的小麦植株氮磷钾积累量均显著低于常规施肥处理，表明化学肥料的减施不利于植株的氮磷钾积累，不能满足作物生长过程中对养分的需求，导致减肥处理的长势弱于常规处理。但适量氮肥施入量的降低不会显著影响甜菜生长，也不会造成甜菜产量的显著降低，同时还可以小幅度增加甜菜含糖量，150 kg/hm²处理在减施氮肥的前提下，可以保证甜菜产量，小幅度增加甜菜含糖率，提高甜菜产糖量与氮肥农学利用率，适宜于新疆甜菜种植。

第五，本研究中，筛选出新疆主要糖区适宜种植的品种为Beta379，针对该品种形成了最优配置模式为双膜双管管带配置，适宜的滴灌量为6 000 m³/hm²，适宜的减施氮肥（纯氮）用量为150 kg/hm²，此可为新疆滴灌甜菜高产高效栽培模式提供参考。

6.2　甜菜节本增效栽培模式的完善及应用

针对新疆甜菜全程机械化栽培技术模式中存在的膜带配置、灌水量以及肥料效应的优化等问题，通过研究，优化了新疆主产区主栽品种Beta379的节本增效栽培模式，将传统种植模式单管单膜灌水量7 500 m³，优化为双管双膜灌水量6 000 m³/hm²，同时减少施氮量为150 kg/hm²（表6-1），并于伊犁糖区与昌吉糖区进行示范推广。

6.3　主要创新点

本研究在以甜菜为研究对象，以盆栽试验与大田试验相结合的方法，探究适宜于新疆甜菜种植区域的甜菜品种以及覆膜、管带配置、灌水量相配套的节水高效敦化高产优质的栽培模式，同时明确不同施氮量对土壤养分及甜菜生长的影响。

表6-1 甜菜全程机械化节本增效栽培技术模式

模式目标	块根产量90 t/hm²以上，块根含糖率15.5%以上，保苗109 500株/hm²以上，平均单根重1 000 g左右				
生育时期	4月1—20日 播种期	4月20日至5月30日 苗期	5月31日至7月20日 叶丛生长期	7月21日至8月20日 块根膨大期	8月21日至10月20日 糖分积累期
品种	Beta379				
播种方式	采用机械式丸粒化精量点播，双膜双管，将施肥、铺管、覆膜、播种集于一体，一次作业完成。地膜宽度80 cm，地膜厚度0.008 cm，行距50 cm，播种株距16～18 cm				
施肥	种肥：磷酸二铵（N 18%，P_2O_5 46%）330 kg/hm²+硫酸钾（K_2O 50%）225 kg/hm²，条施于种侧5 cm，深度10 cm左右		结合第1水滴灌施入尿素60 kg/hm²。结合第3水滴灌施入磷酸二氢钾30 kg/hm²	7月底和8月中旬（两次）结合灌水每次施入尿素45 kg/hm²+磷酸二氢钾30 kg/hm²+硼肥（B 21%）7.5 kg/hm²	8月底结合灌水施入尿素60 kg/hm²
灌水	播种后根据土壤墒情灌出苗水，灌水量在450 m³/hm²，使耕层土壤相对含水量达到80%		此阶段应根据苗情开始苗后1水，灌水量在600 m³/hm²，使耕层土壤对含水量达到80%。根据土壤和降水情况，在7月初进行第2次灌水，7月20日左右第3次灌水，每次450 m³/hm²	根据降水，土壤含水量或田间植株表现决定是否进行灌水，当中午30%植株叶片萎蔫应及时灌水，灌水量根据土壤含水量每次在450 m³/hm²，期间有3～4次灌水	当中午植株叶片30%左右萎蔫时，及时灌水450 m³/hm²，到收获时间10月上旬有3～4次灌水

（续表）

病虫草防治	化学除草：播前7 d每公顷用1 050～1 200 g 96%精异丙甲草胺乳油（金都尔），兑水600～750 kg均匀喷洒在土壤表面进行土壤封闭处理，用圆盘耙耙匀，黏壤土用上限，砂壤土用下限；每公顷用6 000 mL16%甜菜安·宁乳油兑水375～450 kg或每公顷用4 500～5 250 mL21%安·宁·乙呋磺乳油兑水750 kg左右，防除甜菜田阔叶杂草甜菜象甲、茎象甲、跳甲等鞘翅目昆虫，用5%氯虫苯甲酰胺悬浮剂1 000倍液、48%毒死蜱乳油600倍液或300 g/L氯虫苯甲酰胺·噻虫嗪悬浮剂1 500倍液喷雾防治 三叶草夜蛾：主要在5月上中旬防治第一代，用48%毒死蜱乳油800倍液、2.5%高效氯氟氰菊酯乳油、20%氰戊菊酯乳油、2.5%溴氰菊酯乳油等菊酯类杀虫剂1 500～2 500倍液 甘蓝夜蛾：6月上中旬至7月为第1代幼虫为害期，用48%毒死蜱乳油800倍液、2.5%高效氯氟氰菊酯乳油、20%氰戊菊酯乳油、2.5%溴氰菊酯乳油等菊酯类杀虫剂1 500～2 500倍液 褐斑病：6月下旬开始施药防治，病株率5%以上开始施药防治，可选用40%氟硅唑乳油5 000倍液、10%苯醚甲环唑水分散粒剂1 500倍液等药剂进行防治，每公顷用药液450 kg，再次施药间隔期10～14 d，同时兼防白粉病和蛇眼病等病害

6.4 研究展望

本研究探索并提出最适宜于新疆甜菜种植区的甜菜种植品种、施氮量、管带配置方式以及覆膜方式与灌水量，形成了提高水、肥利用率形成高产优质、水肥高效的甜菜栽培模式。该模式优化了滴灌甜菜的膜带配置、灌水量以及肥料效应，能有效提升甜菜生产中产量和质量的同时，也能降低生产成本，提升农民种植甜菜的积极性。在新疆甜菜生产过程中不仅有优化滴灌模式，挖掘甜菜滴灌潜力的迫切需求，还存在着多年连作加大甜菜土传病害为害等需要完善耕作模式的情况。

甜菜产量和质量受到土传病害的严重为害。长期单作是影响甜菜土传病害的重要原因，亦与品种的抗性有关。土传病害多是由土壤微生物原有健康的平衡被打破造成。近年来植物相关特殊关键微生物的挖掘成为土传病害的潜在研究热点，被认为可能是解决土传病害的重要手段。

研究初步发现，相对于甜菜—小麦轮作系统，长期甜菜单作明显改变了土壤微生物的群落及结构。土壤理化性质分析和因子解析分析发现，土壤pH值改变是导致两种耕作制度下土壤微生物差异的重要原因。两种耕作方式中，轮作模式下抗病甜菜和感病甜菜根际的细菌群落结构较为相似，但在甜菜单作模式下存在明显差异。比较两个品种，抗病甜菜品种根际和根内生的细菌和真菌多样性均明显高于感病品种。其中，生物标志物和关键物种分析发现，抗病甜菜根际和根内均能够富集有益的细菌和真菌。与抗病品种比较，感病品种除了致病菌的数量增加，其也招募了有益的细菌和真菌。更有趣且可能重要的是，两个抗病品种富集的有益微生物并不相同，例如，生物标志物分析发现，抗病品种根际富集了*Sordariomycetes*属、*Cordycipitaceae*属、*Lecanicillium*属、*Plectosphaerellaceae*属、*S085*属和*Pedosphaeraceae*属；其根内富集到了*Actinobacteria*属、*Pseudonocardia*属和*Exobasidiomycetes*属。感病品种根际*Chitinophagaceae*属和*Flavisolibacter*属；其根内富集了*Novosphingobium*属、*Sphingobacterium*属、*Tilletiopsis_washingtonensis*属、*Flavobacterium*属。网络核心物种分析表明，抗病品种根际富集了Saccharimonadales目，Anaerolineae目，Saprospiraceae科、*Subgroup_10*属（Thermoanaerobaculaceae科），*Lysobacter*属、*AKYG587*属；感病品种富集了*Pedobacter*属、*Ferruginibacter*属、*P3OB-42*属。

这些关键的微生物资源很有可能在辅助甜菜抗病过程中起重要作用，值得进行下一步深入挖掘研究。因此，可以进行种植方式对甜菜连作后根际和根内有益细菌和真菌的影响变化的研究，有利于解决甜菜与其他作物因为轮作导致面积难落实的问题。

参考文献

白蒙，2020. 滴灌布置方式对机采棉水盐运移规律影响研究[D]. 石河子：石河子大学.

白有帅，贾生海，黄彩霞，等，2015. 旱作区生物降解膜对土壤温度、水分及春小麦产量的影响[J]. 麦类作物学报，35（11）：1558-1563.

柏章才，马亚怀，李彦丽，2012. 2011年国外甜菜品种引进试验品种评价[J]. 中国甜菜糖业（3）：43-45，48.

蔡昆争，骆世明，方祥，2006. 水稻覆膜旱作对根叶性状、土壤养分和土壤微生物活性的影响[J]. 生态学报，26（6）：1903-1911.

曹寒，吴淑芳，冯浩，等，2015. 不同覆膜种植对土壤水热和冬小麦产量的影响[J]. 水土保持研究，22（6）：110-115.

曹巍，刘宏权，陈任强，等，2023. 膜下滴灌对玉米生长及土壤影响的研究进展[J]. 节水灌溉（4）：39-51.

曹禹，2016. 伊犁地区甜菜氮磷钾互作及肥料效应研究[D]. 石河子：石河子大学.

曹禹，孙娜，孙桂荣，等，2016. 氮·磷·钾肥对伊犁地区甜菜产量的影响[J]. 安徽农业科学，（31）：137-139.

陈多方，1987. 自然生态因素对甜菜生育速度的效应及其含糖的影响[J]. 甜菜糖业，3：18-22.

陈杰，2004. 水稻氮素行为及施氮优化模拟研究[D]. 杭州：浙江大学.

陈亮，张肖凌，王翠丽，等，2020. 地膜不同覆盖方式对设施辣椒生长及产量的影响[J]. 河南农业科学，49（4）：107-113.

陈柳宏，赵春雷，王希，等，2022. 我国东北地区205份主要甜菜种质资源的鉴定与评价分析[J]. 植物遗传资源学报，23（1）：92-105.

陈世杰，江长胜，倪雪，等，2019. 地膜覆盖对稻—油轮作农田温室气体排放的影响[J]. 环境科学，40（9）：4213-4220.

陈彦云，曹君迈，黄丽红，2002. 灰色关联度分析在甜菜抗病育种中的应用[J]. 宁夏大学学报（自然科学版），23（3）：272-274.

邓聚龙，1985. 灰色系统（社会·经济）[M]. 北京：国防工业出版社.

董心久，杨洪泽，周建朝，等，2018. 不同灌溉量下氮肥施用时期对甜菜光合物质生产及产量的补偿作用[J]. 新疆农业科学，55（4）：635-646.

董玉良，2020. 基于灰色关联度对山东小麦新品种（系）综合表现评价分析[J]. 现代农业，26（9）：77-78.

杜永成，王玉波，范文婷，等，2012. 不同氮素水平对甜菜硝酸还原酶和亚硝酸还原酶活性的影响[J]. 植物营养与肥料学报（3）：717-723.

樊华，Koibakov S M，帕尼古丽，等，2014. 地膜覆盖对滴灌甜菜生育进程及产量的影响[J]. 新疆农业科学，51（4）：633-638.

樊廷录，王勇，崔明九，1997. 旱地地膜小麦研究成效和加快发展的必要性及建议[J]. 干旱地区农业研究（1）：30-35.

范继征，石达金，吕巨智，等，2020. 基于关联度、主成分和聚类分析的西南区玉米新组合评价[J]. 种子，39（1）：102-110.

范小玉，陈雷，贺群领，等，2021. 黄淮海中南片小粒花生主要农艺性状、品质性状相关性及主成分分析[J]. 山东农业科学，53（1）：20-25.

冯泽洋，李国龙，李智，等，2017. 调亏灌溉对滴灌甜菜生长和产量的影响[J]. 灌溉排水学报（11）：7-12.

付浩然，李婷玉，曹寒冰，等，2020. 我国化肥减量增效的驱动因素探究[J]. 植物营养与肥料学报，26（3）：561-580.

高广金，谢建平，杨艳斌，2007. 两种覆膜方式在甜玉米栽培上的应用效果比较[J]. 长江蔬菜（10）：39-40.

高茂盛，廖允成，李侠，等，2010. 不同覆盖方式对渭北旱作苹果园土壤贮水的影响[J]. 中国农业科学，43（10）：2080-2087.

高桐祥，1982. 甜菜含糖与气候因子的相关研究[J]. 甜菜糖业（2）：13-18.

高卫时，董心久，杨洪泽，等，2014. 不同覆膜栽培方式对甜菜相关性状的影响[J]. 中国糖料（3）：14-16.

高翔，龚道枝，顾峰雪，等，2014. 覆膜抑制土壤呼吸提高旱作春玉米产量[J]. 农业工程报，30（6）：62-70.

勾玲，刘日明，肖华，等，2000. 新疆甜菜群体光合特性及与产量关系的研究[J]. 石河子大学学报（自然科学版）（1）：17-21.

郭文双，2020. 内蒙古高寒地区甜菜品种适应性筛选与评价[D]. 长春：吉林农业大学.

韩凯虹，2015. 水分胁迫及复水对甜菜生长发育及光合特性的影响[D]. 保定：河北农业大学.

韩永吉，夏树有，黄志，等，1992. 1991年甜菜含糖率下降的原因及其提高甜菜产量和含糖率的对策[J]. 中国甜菜糖业（5）：36-44.

何海兵，2014. 水分调控对膜下滴灌水稻生长发育及产量形成的影响[D]. 石河子：石河子大学.

侯慧芝，吕军峰，郭天文，等，2014. 西北黄土高原半干旱区全膜覆土穴播对土壤水热环境和小麦产量的影响[J]. 生态学报，34（19）：5503-5513.

侯慧芝，张绪成，汤瑛芳，等，2016. 半干旱区全膜覆盖垄沟种植马铃薯/蚕豆间作的产量和水分效应[J]. 草业学报，25（6）：71-80.

侯振安，刘日明，朱继正，等，1999. 不同灌水量对甜菜生长及糖分积累影响的研究[J]. 中国甜菜糖业（6）：2-6.

胡朝晖，2014. 日本糖业基本概况[J]. 中国糖业（1）：64-66.

胡华兵，2014. 新疆甜菜高产高效种植技术研究[D]. 石河子：石河子大学.

胡明芳，田长彦，2003. 新疆棉田地膜覆盖耕层土壤温度效应研究[J]. 中国生态农业学报，11（3）：134-136.

胡晓航，吴玉梅，王晢玮，2016. 不同品种（系）甜菜氨基酸主成分分析与营养综合评价[J]. 中国农学通报，32（27）：69-75.

黄高强，武良，李宇轩，等，2013. 我国氮肥产业发展形势及建议[J]. 现代化工，33（10）：5-9.

黄真真，刘广明，李金彪，等，2020. 滴灌带布置方式与灌水定额对土壤性状及棉花产量影响[J]. 土壤通报，51（2）：325-331.

黄志伟，曹剑，袁德棵，等，2016. 基于主成分聚类分析的中国油茶栽培区划[J]. 西部林业科学，45（3）：155-160.

贾殿勇，2013. 不同灌溉模式对冬小麦籽粒产量、水分利用效率和氮素利用效率的影响[D]. 泰安：山东农业大学.

贾雪峰，朱思明，王强，等，2015. 新疆不同产地甜菜块根中元素含量的主成分和聚类分析[J]. 现代食品科技，31（7）：302-308.

江燕，史春余，王振振，等，2014. 地膜覆盖对耕层土壤温度水分和甘薯产量的影响[J]. 中国生态农业学报，22（6）：627-634.

蒋桂英，刘建国，魏建军，等，2013. 灌溉频率对滴灌小麦土壤水分分布及水分利用效率的影响[J]. 干旱地区农业研究，31（4）：38-42.

解文艳，周怀平，杨振兴，等，2022. 不同类型地膜覆盖对春玉米生产综合效应研究[J]. 中国土壤与肥料（2）：152-162.

解鑫，2017. 水氮运筹对双膜覆盖滴灌甜菜产量和含糖率的影响[D]. 石河子：石河子大学.

莒琳，2012. 中国甜菜生产比较优势研究[D]. 北京：中国农业科学院.

孔伟程，2021. 覆膜和滴灌湿润比对土壤水热分布及马铃薯生长影响研究[D]. 扬州：扬州大学.

雷钧杰，2017. 新疆滴灌小麦带型配置及水氮供给对产量品质形成的影响[D]. 北京：中国农业大学.

李春晓，2011. 马铃薯主要光合特性与产量及品质性状相关性的研究[D]. 哈尔滨：东北农业大学.

李东伟，李明思，周新国，等，2018. 土壤带状湿润均匀性对膜下滴灌棉花生长及水分利用效率的影响[J]. 农业工程学报，34（9）：130-137.

李高华，2009. 膜下滴灌不同滴灌带配置对棉花产量及品质的影响研究[D]. 杨凌：西北农林科技大学.

李国龙，2011. 甜菜苗期对干旱适应的生理生化及分子机制研究[D]. 呼和浩特：内蒙古农业大学.

李浩然，曹君迈，陈彦云，2018. 不同覆膜栽培方式对雨养区马铃薯光合日变化及产量的影响[J]. 江苏农业科学，46（15）：51-54.

李明思，2006. 膜下滴灌灌水技术参数对土壤水热盐动态和作物水分利用的影响[D]. 杨凌：西北农林科技大学.

李明思，郑旭荣，贾宏伟，等，2001. 棉花膜下滴灌灌溉制度试验研究[J]. 中国农村水利水电（11）：13-15.

李倩文，左其亭，李东林，等，2021. 新疆水资源开发利用的空间均衡分析[J]. 水资源保护，37（2）：28-33.

李升东，王法宏，司纪升，等，2011. 节水灌溉对小麦旗叶主要光合参数和水分利用效率的影响[J]. 干旱地区农业研究，29（4）：19-22，28.

李世清，李凤民，宋秋华，等，2001. 半干旱地区不同地膜覆盖时期对土壤氮素有效性的影响[J]. 生态学报（9）：1519-1526.

李蔚农，2010. 法国糖业发展概况[J]. 中国甜菜糖业（2）：23-25.

李阳阳，费聪，崔静，等，2017. 滴灌甜菜对糖分积累期水分亏缺的生理响应[J]. 中国生态农业学报（3）：373-380.

李玉玲，张鹏，张艳，等，2016. 旱区集雨种植方式对土壤水分、温度的时空变化及春玉米产量的影响[J]. 中国农业科学，49（6）：1084-1096.

李兆君，杨佳佳，范菲菲，等，2011. 不同施肥条件下覆膜对玉米干物质积累及吸磷量的影响[J]. 植物营养与肥料学报，17（3）：571-577.

李正祥，1985. 太阳能与甜菜产量关系的分析[J]. 甜菜糖业（3）：16-19.

李智，2018. 膜下滴灌甜菜水氮耦合的生理效应[D]. 呼和浩特：内蒙古农业大学.

李智，李国龙，刘蒙，等，2015. 膜下滴灌条件下甜菜水分代谢特点的研究[J]. 节水灌溉（9）：52-56.

梁哲军，齐宏立，王玉香，等，2014. 不同滴灌定额对玉米光合性能及水分利用效率的影响[J]. 中国农学通报，30（36）：74-78.

林明，阿不都卡地尔·库尔班，陈友强，等，2021. 滴灌带型配置与覆膜方式对新疆甜菜产量形成特性的影响[J]. 中国农业大学学报，26（7）：36-44.

林明，白晓山，刘华君，等，2016. 膜下滴灌甜菜最适种植密度的研究[J]. 新疆农业科学，53（7）：1245-1250.

林明，鲁伟丹，曹禹，等，2022. 新疆不同甜菜种植区域生产成本比较效益分析[J]. 新疆农业科学，59（10）：2438-2445.

刘红霞，王宏伟，2000. 黑色地膜对棉花生长的影响试验[J]. 新疆农业科学（1）：32-33.

刘建雄，孙琳琳，刘珣，等，2022. 水肥一体化条件下不同灌水量对甜菜产量和质量的影响[J]. 中国农学通报，38（19）：12-17.

刘凯，谢英荷，李廷亮，等，2019. 地膜覆盖对我国干旱半干旱地区土壤温度及土壤水分的影响[J]. 山西农业科学，47（10）：1847-1852.

刘录祥，孙其信，王士芸，1989. 灰色系统理论应用于作物新品种综合评估初探[J]. 中国农业科学，22（3）：22-27.

刘宁宁，2020. 叶丛期调亏灌溉对滴灌甜菜源库特征的影响[D]. 石河子：石河子大学.

刘胜尧，范凤翠，贾建明，等，2018. 华北地区休闲期覆膜对土壤水分和春玉米苗期生长的影响[J]. 江苏农业科学，46（14）：71-74.

刘晓虹，2009. 额敏县膜下滴灌甜菜高产高糖栽培技术[J]. 新疆农业科技（5）：22-23.

刘新永，田长彦，吕昭智，2005. 膜下滴灌风沙土盐分变化及分布特点[J]. 干旱区研究（2）：172-176.

刘珣，王荣华，2013. 新疆滴灌甜菜机械采收高产高糖栽培技术[J]. 中国糖料（3）：69-70.

刘莹，史树德，2016. 不同施氮水平下甜菜光合特性比较[J]. 北方农业学报，44（2）：7-12.

刘长兵，王喜琴，2012. 新疆甜菜优质高效栽培模式标准化探析[J]. 中国糖料（1）：54-55.

卢秉福，周艳丽，刘晓雪，2019. 甜菜机械化栽培的农机与农艺技术融合研究[J]. 农学学报，9（7）：53-56.

卢伟鹏，2020. 扩大管行比对新疆春小麦产量形成的影响[D]. 石河子：石河子大学.

鲁伟丹，2021. 有机替代对绿洲春小麦减肥增效的研究[D]. 石河子：石河子大学.

鲁兆新，刘巧红，罗成飞，2010. 双丰系列甜菜品种（系）产量、含糖与农艺性状的灰色关联度分析[J]. 中国甜菜糖业（3）：22-24.

鲁兆新，刘巧红，罗成飞，2011. 对甜菜产量、含糖与农艺性状的灰色关联度分析[J]. 中国甜菜糖业（4）：3-5.

路海东，薛吉全，郭东伟，等，2017. 覆黑地膜对旱作玉米根区土壤温湿度和光合特性的影响[J]. 农业工程学报，33（5）：129-135.

吕鹏，张吉旺，刘伟，等，2013. 施氮时期对高产夏玉米光合特性的影响[J]. 生态学报（2）：576-585.

马炳美，2020. 灰色关联度分析在桂花品种评价中的应用[J]. 福建林业科技，47（2）：106-108.

马林，朱晓平，张立明，2008. 我国甜菜分子育种研究进展[J]. 中国糖料（1）：67-68.

马瑞群，2020. 旧中国甜菜发展回顾[J]. 中国甜菜糖业（2）：46-48.

马忠明，杜少平，薛亮，2011. 不同覆膜方式对旱砂田土壤水热效应及西瓜生长的影响 [J]. 生态学报，31（5）：1295-1302

马忠明，杜少平，薛亮，2015. 氮肥运筹对砂田西瓜产量、品质及氮素积累与转运的影响[J]. 应用生态学报，26（11）：3353-3360.

毛晓燕，孔融，段生福，2018. 德国甜菜品种在酒泉市肃州区的引种试验[J]. 农业科技与信息（11）：28-31.

蒙祖庆，次仁央金，宋丰萍，等，2012. 西藏高原环境下印度芥菜型油菜农艺性状的典型相关分析[J]. 中国生态农业学报，20（2）：242-246.

米国华，陈范骏，春亮，等，2007. 玉米氮高效品种的生物学特性[J]. 植物营养与肥料学报，13（1）：155-159.

倪洪涛，2011. 我国甜菜主产区品种繁育及更新推广情况[J]. 中国糖料（2）：48-51.

裴冬，孙振山，陈四龙，等，2006. 水分调亏对冬小麦生理生态的影响[J]. 农业工程学报，22（8）：68-72.

屈洋，冯佰利，2011. 不同节水种植模式对糜子籽粒产量和水分利用效率的影响[J]. 干旱地区农业研究（6）：74-79.

曲文章，1990. 甜菜生理学[M]. 哈尔滨：黑龙江科学技术出版社.

赛力汗·赛，陈传信，薛丽华，等，2019. 滴灌冬小麦不同滴灌量土壤水分时空分布及冠层特征响应[J]. 新疆农业科学，56（2）：233-245.

桑利敏，2017. 甜菜幼苗对中性盐和碱性盐胁迫的生理应答特性[D]. 哈尔滨：东北农业大学.

商健，张玉梅，林琪，等，2016. 滴灌铺管间距对冬小麦水分动态及耗水特性的影响[J]. 干旱地区农业研究，34（3）：60-65.

宋秋华，李凤民，王俊，等，2002. 覆膜对春小麦农田微生物数量和土壤养分的影响[J]. 生态学报（12）：2125-2132.

宋晓，张珂珂，黄晨晨，等，2020. 基于主成分分析的氮高效小麦品种的筛选[J]. 河南农业科学，49（12）：10-16.

宋志美，刘乃雁，王元英，等，2011. 灰色关联度法在烤烟品种重要性状综合评价中的运用[J]. 中国烟草科学，32（2）：17-19，23.

苏继霞，王开勇，费聪，等，2016. 氮肥运筹对滴灌甜菜产量、氮素吸收和氮素平衡的影响[J]. 土壤通报（6）：1404-1408.

苏欣欣，肖洋，胡晓航，等，2021. 基于灰色关联度分析和主成分分析法评估糖用甜菜品种的适应性[J]. 中国农学通报，37（30）：39-46.

孙海艳，史梦雅，李荣德，等，2021. 我国甜菜种业发展现状分析及对策建议[J]. 中国种业（3）：1-4.

谭念童，林琪，姜雯，等，2011. 限量灌溉对旱地小麦旗叶光合特性日变化和产量的影响[J]. 中国生态农业学报，19（4）：805-811.

汤瑛芳，高世铭，王亚红，等，2013. 旱地马铃薯不同覆盖种植方式的土壤水热效应及其对产量的影响[J]. 干旱地区农业研究, 31（1）：1-7, 13.

唐文雪, 马忠明, 魏焘, 2017. 不同厚度地膜多年覆盖对土壤物理性状及玉米生长发育的影响[J]. 灌溉排水学报, 36（12）：36-41.

万刚, 2010. 滴灌带不同配置方式对小麦生长发育及产量的影响[J]. 安徽农学通报（上半月刊）, 16（17）：81, 100.

汪昌树, 杨鹏年, 于宴民, 等, 2016. 膜下滴灌布置方式对土壤水盐运移和产量的影响[J]. 干旱地区农业研究, 34（4）：38-45.

王安, 常庆涛, 赵艳, 等, 2020. 不同类型地膜对土壤温湿度、杂草抑制及芋头生长发育的影响[J]. 扬州大学学报（农业与生命科学版）, 41（5）：101-105.

王东旺, 王振华, 张金珠, 等, 2022. 滴灌带布置模式对北疆机采棉生长及土壤水热盐分布特征的影响[J]. 农业工程学报, 38（S1）：76-86.

王红丽, 张绪成, 宋尚有, 等, 2011. 旱地全膜双垄沟播玉米的土壤水热效应及其对产量的影响[J]. 应用生态学报, 22（10）：2609-2614.

王红丽, 张绪成, 于显枫, 等, 2016. 黑色地膜覆盖的土壤水热效应及其对马铃薯产量的影响[J]. 生态学报, 36（16）：5215-5226.

王俊, 李凤民, 宋秋华, 等, 2003. 地膜覆盖对土壤水温和春小麦产量形成的影响[J]. 应用生态学报（2）：205-210.

王秋红, 周建朝, 王孝纯, 2015. 采用 SPAD 仪进行甜菜氮素营养诊断技术研究[J]. 中国农学通报（36）：92-98.

王荣华, 李守明, 艾依肯, 等, 2022. 新疆甜菜产业发展现状与展望[J]. 中国糖料, 44（1）：81-86.

王荣华, 王维成, 2010. 新疆甜菜品种的利用现状及发展对策[J]. 中国糖料（3）：63-64, 67.

王荣华, 王维成, 刘珣, 等, 2014. 关于新疆甜菜产业发展的调研报告[J]. 中国糖料（4）：86-89.

王硕, 白云岗, 王兴鹏, 等, 2020. 双膜覆盖对棉田土壤及棉花生长的影响[J]. 水利与建筑工程学报, 18（5）：35-40.

王婷, 海梅荣, 罗海琴, 等, 2010. 水分胁迫对马铃薯光合生理特性和产量的影响[J]. 云南农业大学学报（自然科学）, 25（5）：737-742.

王维成, 胡华兵, 李蔚农, 2010. 新疆甜菜发展历程的回顾与展望[J]. 中国糖料（4）：69-71.

王雪苗, 安进强, 雒天峰, 等, 2015. 不同滴灌带配置方式对玉米干物质的积累及产量影响[J]. 水土保持研究，22（6）：122-125，133.

王燕飞，张立明，杨洪泽，等，2003. 谈新疆甜菜育种方向及品种合理配置[J]. 中国糖料（3）：44-47.

王玉明，张子义，樊明寿，2009. 马铃薯膜下滴灌节水及生产效率的初步研[J]. 中国马铃薯，23（3）：148-151.

王占才，1987. 气象因子及其互作对甜菜含糖率的影响[J]. 甜菜糖业（3）：27-33.

位国峰，刘义国，姜雯，等，2013. 不同滴灌量对冬小麦干物质及产量的影响[J]. 灌溉排水学报，32（5）：67-70，99.

魏常敏，周文伟，许卫猛，等，2020. 基于主成分和灰色关联度分析的鲜食糯玉米组合综合评价[J]. 贵州农业科学，48（7）：9-13.

魏良民，2000. 法国的甜菜生产及研究[J]. 中国甜菜糖业（3）：53-54.

魏良民，王军，2003. 现代甜菜育种的目标和技术方向[J]. 中国甜菜糖业（2）：14-18.

吴常顺，李淑清，安传友，等，2007. 宁安地区甜菜大垄双行覆膜栽培技术的可行性分析[J]. 中国糖料（3）：34，47.

吴贤忠，李毅，高志永，等，2018. 白膜、黑膜全年覆盖下的土壤水、热、盐变化[J]. 中国生态农业学报，26（11）：1701-1709.

吴贤忠，李毅，汪有科，2017. 半干旱黄土丘陵区植物休眠期覆盖对土壤水热变化的影响[J]. 水土保持学报，31（3）：182-186，192.

吴自明，王竹青，李木英，等，2013. 后期水分亏缺与增施氮肥对杂交稻叶片光合功能的影响[J]. 作物学报（3）：494-505.

武东霞，2014. 两种土壤类型下种植方式及补水对甜菜产量与质量的影响[D]. 保定：河北农业大学.

武俊英，张永丰，张少英，等，2016. 水肥耦合对地膜甜菜产量和品质的影响[J]. 灌溉排水学报，35（4）：87-91.

习金根，周建斌，2003. 不同滴灌施肥方式下尿素态氮在土壤中迁移转化特性的研究[J]. 植物营养与肥料学报，9（3）：271-275.

夏芳琴，姜小凤，董博，等，2014. 不同覆盖时期和方式对旱地马铃薯土壤水热条件和产量的影响[J]. 核农学报，28（7）：1327-1333.

谢军，赵亚南，陈轩敬，等，2016. 有机肥氮替代化肥氮提高玉米产量和氮素吸收利用效率[J]. 中国农业科学，49（20）：3934-3943.

谢军红，柴强，李玲玲，等，2015. 黄土高原半干旱区不同覆膜连作玉米产量的水分承载时限研究[J]. 中国农业科学，48（8）：1558-1568.

刑汝让，1984. 对我区甜菜含糖率逐年下降的分析[J]. 甜菜糖业（3）：50-56.

兴旺，崔平，潘荣，等，2018. 不同国家甜菜种质资源遗传多样性研究[J]. 植物遗传资源报，19（1）：76-86.

徐康乐，米庆华，徐坤范，等，2004. 不同地膜覆盖对春季马铃薯生长及产量的影响[J]. 中国蔬菜（4）：19-21.

许树宁，吴建明，黄杏，等，2014. 不同地膜覆盖对土壤温度、水分及甘蔗生长和产量的影响[J]. 南方农业学报，45（12）：2137-2142.

薛丽华，胡锐，赛力汗·赛，等，2013. 滴灌条件下不同冬小麦品种物质生产特性的差异[J]. 华北农学报，28（2）：186-190.

杨兵丽，李文平，王建军，等，2021. 白膜和黑膜覆盖对黄绵土保水调温的效应[J]. 土壤与作物，10（1）：60-66.

杨芳，张成，乔岩，2005. 陇东旱地冬小麦新品系产量与农艺性状的灰色关联度及主成分分析[J]. 陇东学院学报，26（1）：4-9.

杨吉顺，高辉远，刘鹏，等，2010. 种植密度和行距配置对超高产夏玉米群体光合特性的影响[J]. 作物学报，36（7）：1226-1233.

杨骥，韩秉进，2010. 日本甜菜生产考察报告[J]. 中国糖料（4）：83-86.

杨九刚，马英杰，马亮，等，2012. 滴灌带布设方式对棉田土壤盐分运移规律的影响研究[J]. 节水灌溉（5）：36-40，43.

杨鹏年，董新光，刘磊，等，2011. 干旱区大田膜下滴灌土壤盐分运移与调控[J]. 农业工程学报，27（12）：90-95.

杨荣超，田海清，李斐，等，2017. 基于冠层高光谱的甜菜不同生育时期SPAD值估测研究[J]. 干旱区资源与环境（7）：50-54.

杨瑞红，李占学，1994. 甜菜含糖率与根重关系的研讨[J]. 中国甜菜糖业（4）：9-12.

杨涛，周琴，姜东，等，2020. 灰色关联分析法在不同小麦品种饼干品质评价中的应用[J]. 麦类作物学报，40（4）：460-472.

杨霞，张芳，祁维红，等，2019. 临夏川塬灌区饲用甜菜引种试验研究[J]. 畜牧兽医杂志，38（3）：84-85，88.

杨晓亚，2008. 灌水时期和灌水量对小麦产量形成和水分利用特性的影响[D]. 泰安：山东农业大学.

要家威，齐永青，李怀辉，等，2021. 地下滴灌量与滴灌带间距对夏玉米生长发育的影响[J]. 中国生态农业学报（中英文），29（9）：1502-1511.

冶军，陈军，朱新在，2009. 不同灌溉方式对新疆甜菜生长发育的影响[J]. 现代农业科技（7）：15-16.

叶开梅，陈泽辉，祝云芳，2019. 基于主成分分析与灰色关联度分析的玉米自交系综合评价[J]. 种子，38（10）：87-92，96.

殷冬梅，张幸果，王允，等，2011. 花生主要品质性状的主成分分析与综合评价[J]. 植物遗传资源学报，12（4）：507-512，518.

于营，刘亚苓，侯淑丽，等，2020. 玉竹主要农艺性状的相关性及主成分分析[J]. 特产研究，42（3）：21-24.

余美，杨劲松，刘梅先，等，2011. 膜下滴灌灌水频率对土壤水盐运移及棉花产量的影响[J]. 干旱地区农业研究，29（3）：18-23，28.

员学锋，吴普特，汪有科，2006. 地膜覆盖保墒灌溉的土壤水、热以及作物效应研究[J]. 灌溉排水学报，25（1）：25-29.

张冰，2010. 新疆甜菜产业发展研究[D]. 北京：中国农业科学院.

张德奇，廖允成，贾志宽，2005. 旱区地膜覆盖技术的研究进展及发展前景[J]. 干旱地区农业研究（1）：208-213.

张凡，薛鑫，刘国涛，等，2020. 基于灰色关联度分析法和聚类分析法筛选小麦高产优质新品种（系）的研究[J]. 中国农学通报，36（27）：6-13.

张方方，2022. 旱作春玉米农田土壤碳氮库对覆盖及有机物料配施的响应[D]. 杨凌：西北农林科技大学.

张珏，田海清，李哲，等，2018. 基于数码相机图像的甜菜冠层氮素营养监测[J]. 农业工程学报（1）：157-163.

张坤，王发林，刘小勇，等，2011. 旱地果园起垄覆膜集雨措施对树体水分利用的影响[J]. 灌溉排水学报，30（3）：68-71.

张磊，李福生，王连喜，等，2009. 不同灌溉量对春小麦生长及产量构成的影响[J]. 干旱地区农业研究，27（4）：46-49.

张立明，王燕飞，刘华君，等，2011. 甜菜品种BETA218引种鉴定[J]. 新疆农业科学，48（7）：1249-1253.

张梅，宋柏权，杨骥，等，2016. 氮素对甜菜碳代谢产物的影响[J]. 中国农学通报（3）：66-70.

张娜，张永强，李大平，等，2014. 滴灌量对冬小麦光合特性及干物质积累过程的影响[J]. 麦类作物学报，34（6）：795-801.

张强，郭晓霞，田露，等，2021. 化肥减施下生物有机肥对甜菜生长发育及产量和质量的影响[J]. 中国糖料，43（2）：55-60.

张琴，2017. 不同颜色地膜覆盖对玉米土壤水热状况及产量的影响[J]. 节水灌溉（4）：57-61.

张庆丽，周瑞金，刘遵春，等，2016. 君迁子实生群体生长性状的相关性和主成分分析[J]. 安徽农业科学，44（14）：35-37.

张淑芳，柴守玺，蔺艳春，等，2011. 干旱年份地膜覆盖模式对春小麦土壤水分和产量的影响[J]. 中国农业气象，32（3）：368-374.

张伟，吕新，朱芸，等，2005. 不同灌水量下新疆高产棉花冠层结构分析研究及产量初报[J]. 新疆农业科学（2）：77-82.

张晓楠，邱国玉，2019. 化肥对我国水环境安全的影响及过量施用的成因分析[J]. 南水北调与水利科技，17（4）：104-114.

张兴，1995. 气象因素与甜菜块根增长和含糖率的变化关系[J]. 甜菜糖业（2）：15-17.

张亚琦，李淑文，付巍，等，2014. 施氮对杂交谷子产量与光合特性及水分利用效率的影响[J]. 植物营养与肥料学报（5）：1119-1126.

张彦群，王建东，龚时宏，等，2015. 滴灌条件下冬小麦施氮增产的光合生理响应[J]. 农业工程学报（6）：170-177.

张永旺，张林森，胥生荣，等，2013. 灌水后覆膜对旱作苹果园土壤水分和树体生长及产量的影响[J]. 北方园艺（18）：16-19.

张勇，2005. 不同滴灌带配置方式与棉花行间个体发育及产量差异的调查研究[J]. 中国棉花（S1）：51-52.

张玉琴，1993. 灰色关联度分析在甜菜自交系选育中应用初探[J]. 甜菜糖业通报（1）：1-6.

张源沛，张益明，周会成，2003. 半干旱地区春小麦不同种植方式土壤水分变化规律研究初探[J]. 土壤，35（2）：168-170.

张治，田富强，钟瑞森，等，2011. 新疆膜下滴灌棉田生育期地温变化规律[J]. 农业工程学报，27（1）：44-51.

张自强，王良，白晨，等，2019. 104份甜菜种质资源主要农艺性状分析[J]. 作物杂志（3）：29-36.

赵德英，2013. 梨园树盘覆盖的土壤生态效应及树体生理响应研究[D]. 北京：中国农业科学院.

赵靖丹，李瑞平，史海滨，等，2016. 滴灌条件下地膜覆盖对玉米田间土壤水热效应的影响[J]. 节水灌溉（1）：6-9，15.

赵卫国，王灏，穆建新，等，2019. 甘蓝型油菜DH群体主要品质性状相关性及主成分分析[J]. 中国农学通报，35（14）：18-24.

赵亚南，徐霞，孙笑梅，等，2021. 基于GIS的河南省不同区域小麦氮磷钾推荐量与施肥配方[J]. 植物营养与肥料学报，27（6）：938-948.

赵颖娜，汪有科，马理辉，等，2010. 不同流量对滴灌土壤湿润体特征的影响[J]. 干旱地区农业研究，28（4）：30-35.

郑存德，2012. 土壤物理性质对玉米生长影响及高产农田土壤物理特征研究[D]. 沈阳：沈阳农业大学.

周丽娜，于亚薇，孟振雄，等，2012. 不同颜色地膜覆盖对马铃薯生长发育的影响[J]. 河北农业科学，16（9）：18-21.

朱文美，2018. 灌水量和种植密度互作对冬小麦产量及水分利用效率的影响[D]. 泰安：山东农业大学.

朱向明，韩秉进，宋柏权，2016. 供氮水平对甜菜生长发育及产量和质量的影响[J]. 土壤与作物（3）：171-175.

ALBRIZIO R，TODOROVIC M，MATIC T，2010. Comparing the interactive effects of water and nitrogen on durum wheat and barley grown in a Mediterranean environment[J]. Field Crops Research，115（2）：179-190.

BANDYOPADHYAY K K，MISRA A K，GHOSH P K，et al.，2010. Effect of irrigation and nitrogen application methods on input use efficiency of wheat under limited water supply in a Vertisol of Central India[J]. Irrigation Science，28（4）：285-299.

BARBANTI L，MONTI A，VENTURI G，2007. Nitrogen dynamics and fertilizer use efficiency in leaves of different ages of sugar beet（*Beta vulgaris*）at variable water regimes[J]. Annals of Applied Biology，150（2）：197-205.

BELLIN D，SCHULZ B，SOERENSEN T R，2007. Transcript profiles at different growth stages and tap-root zones identify correlated developmental and metabolic pathways of sugar beet [J]. Journal of Experimental Botany，58（3）：699-715.

BENAVENTE D，VALDÉS-ABELLÁN J，PLA C，et al.，2019. Estimation of soil gas permeability for assessing radon risk using Rosetta pedotransfer function

based on soil texture and water content[J]. Journal of Environmental Radioactivity，
（208/209）：1-9.

BU H，SHARMA L K，DENTON A，et al.，2016. Sugar Beet Yield and Quality
Prediction at Multiple Harvest Dates Using Active-Optical Sensors[J]. Agronomy
Journal，108（1）：273-284.

BU H，SHARMA L K，DENTON A，et al.，2017. Comparison of Satellite Imagery
and Ground-Based Active Optical Sensors as Yield Predictors in Sugar Beet，Spring
Wheat，Corn，and Sunflower[J]. Agronomy Journal，109（1）：299-308.

BU L D，ZHU L，LIU J L，et al.，2013. Source-sink capacity responsible for higher
maize yield with removal of plastic film[J]. Agronomy Journal，105（3）：591-
598.

CAMP C R，BAUER P J，HUNT P G，1997. Subsurface drip irrigation lateral
spacing and management for cotton in the southeastern coastal plain[J]. Transactions
of the ASAE，40（4）：993-999.

CHOŁUJ D，WIŚNIEWSKA A，SZAFRAŃSKIK M，et al.，2014. Assessment
of the physiological responses to drought in different sugar beet genotypes in
connection with their genetic distance[J]. Journal of Plant Physiology，171（14）：
1221-1230.

CHRISTINE K，CHRISTA M H，BERNWARD M，2006. Effects of weather
variables on sugar beet yield development（*Beta vulgaris* L.）[J]. European Journal
of Agronomy，24：62-69.

DIAS A S，LIDON F C，2009. Evaluation of grain filling rate and duration in bread
and durum wheat，under heat stress after anthesis[J]. Joumal of Agronomy and Crop
Science，195（2）：137-147.

EBRAHIM S，WASSU M，TESSFAYE A，2021. Genetic diversity based on cluster
and principal component analyses in Potato（*Solanum tuberosum* L.）for yield and
processing attributes[J]. Journal of Horticulture，8（3）：1.

FABEIRO C，MARTIN S O，LOPEZ R，et al.，2003. Production and quality of
the sugar beet（*Beta vulgaris* L.）cultivated under controlled deficit irrigation
conditions in a semi-arid climate [J]. Agricultural Water Management，62：215-
227.

FAN M，SHEN J，YUAN L，2012. Improving crop productivity and resource use efficiency to ensure food security and environmental quality in China[J]. Journal of Experimental Botany, 63（1）：13−24.

FAN T L, WANG Y, CUI M J, 1997. Research achievements of dryland wheat covered with plastic film and the necessity and suggestions for accelerating its development[J]. Agricultural Research in Arid Areas（1）：30−35.

FRANKS P J, DRAKE P L, FROEND R H, 2007. Anisohydric but isohydrodynamic：Seasonally constant plant water potential gradient explained by a stomatal control mechanism incorporating variable plant hydraulic conductance [J]. Plant, Cell and Environment, 30：19−30.

GAN L, PENG X, PETH S, et al., 2012. Effects of grazing intensity on soil thermal properties and heat flux under Leymus chinensis and Stipagrandis vegetation in Inner Mongolia, China [J]. Soil and Tillage Research, 118（5）：147−158.

GAN Y T, SIDDIQUE K H M, TURNER N C, et al., 2013. Chapter seven-ridge-furrow mulching systems：An innovative technique for boosting crop productivity in semiarid rain-fed environments[J]. Advances in Agronomy（118）：429−476.

GRABOW G L, HUFFMAN R L, EVANS R O, 2006. Water distribution from a subsurface drip irrigation system and dripline spacing effect on cotton yield and water use efficiency in a coastal plain soil[J]. Transactions of the ASABE, 49（6）：1823−1835.

HAN J, LIAO Y C, JIA Z K, et al., 2014. Effects of furrow and ridge mulching on Winter Wheat Yield and water use efficiency in semi humid and drought prone areas[J]. Acta Crop, 40（1）：101−109.

HERRERA J M, BÜCHI L, RUBIO G, 2017. Root decomposition at high and low N supply throughout a crop rotation[J]. European Journal of Agronomy, 84：105−112.

HOFFMANN C M, 2011. Root Quality of Sugarbeet[J]. Sugar Tech, 12（3−4）：276−287.

HUANG J K, WANG X B, ZHI H Y, et al., 2011. Subsidies and Distortions in China's Agriculture：Evidence from Producer-Level Data[J]. Australian Journal of Agricultural and Resource Economics（1）：53−71.

IHL B, 1987. Investigation on the endogenous levels of abscisic acid in a range of parasitic phanerogams[J]. Journal of Plant Growth Regulation, 2：371−380.

JACOBSEN S E, JENSEN C R, LIU F, 2012. Improving crop production in the arid Mediterranean climate[J]. Field Crops Research, 128: 34-47.

JIA S N, PAUL W U, 2001. Soil water accumulation under different precipitation, potential evaporation, and straw mulch conditions[J]. Soil Science Society of America Journal, 65 (2): 442-448.

KIYMAZ S, TERTEK A, 2015. Water use and yield of sugar beet (*Beta vulgaris* L.) under drip irrigation at different water regimes[J]. Agricultural Water Management, 158: 225-234.

KUŞÇU H, TURHAN A, DEMIR A O, 2014. The response of processing tomato to deficit irrigation at various phenological stages in a sub-humid environment[J]. Agricultural Water Management, 133: 92-103.

LAUFER D, NIELSEN O, WILTING P, et al., 2016. Yield and nitrogen use efficiency of fodder and sugar beet (*Beta vulgaris* L.) in contrasting environments of northwestern Europe[J]. European Journal of Agronomy, 73: 124-132.

LEUFEN G, NOGA G, HUNSCHE M, 2013. Physiological response of sugar beet (*Beta vulgaris*) genotypes to a temporary water deficit, as evaluated with a multiparameter fluorescence sensor[J]. Acta Physiologiae Plantarum, 35 (6): 1763-1774.

LI C, WANG Q, WANG N, et al., 2021. Effects of different plastic film mulching on soil hydrothermal conditions and grain-filling process in an arid irrigation district[J]. Science of the Total Environment, 795 (1): 148886.

LI F M, GUO A H, HONG W, 1999. Effects of clear plastic film mulch on yield of spring wheat[J]. Field Crops Research, 63 (1): 79-86.

LI M, DU Y, ZHANG F, et al., 2019. Simulation of cotton growth and soil water content under film-mulched drip irrigation using modified CSM CROPGRO cotton model[J]. Agricultural Water Management, 218: 124-138.

LI R, HOU X Q, JIA Z K, et al., 2013. Effects on soil temperature, moisture and maize yield of cultivation with ridge and furrow mulching in the rainfed area of the Loess Plateau, China[J]. Agricultural Water Management, 116: 101-109.

LIN Z F, PENG C L, SUN Z J, et al., 2000. Effect of light intensity on partitioning of photosynthetic electron transport to photorespiration in four subtropical forest plants[J]. SCIENCE CHINA Life Sciences, 43 (4): 347-354.

LIU X J, ZHANG Y, HAN W X, 2013. Enhanced nitrogen deposition over China[J]. Nature, 494 (7438): 459−462.

LODHI A S, KAUSHAL A, SINGH K G, 2013. Effect of irrigation regimes and low tunnel height on microclimatic parameters in the growing of sweet pepper[J]. International Journal of Engineering and Science Invention, 2 (7): 20−29.

LONG S P, ZHU X G, NAIDU S L, et al., 2010. Can improvement in photosynthesis increase crop yields[J]. Plant Cell & Environment, 29 (3): 315−330.

LUO H H, ZHANG Y L, ZHANG W F, 2015. Effects of water stress and rewatering on photosynthesis, root activity, and yield of cotton with drip irrigation under mulch[J]. Photosynthetica, 54 (1): 65−73.

MACEDO G, HERNANDEZ L, MAAS P, et al., 2020. The impact of manure and soil texture on antimicrobial resistance gene levels in farmlands and adjacent ditches[J]. Science of the Total Environment, 737 (1): 139563.

MAHMOODI R, MARALIAN H, AGHABARATI A, 2008. Effects of limited irrigation on root yield and quality of sugar beet (*Beta vulgaris* L.) [J]. African Journal of Biotechnology, 7 (24): 4475−4478.

MARINOV I, MARINOV A M, 2014. A Coupled Mathematical Model to Predict the Influence of Nitrogen Fertilization on Crop, Soil and Groundwater Quality[J]. Water Resources Management, 28 (15): 5231−5246.

MASLARIS TT, 2010. Sugar beet root shape and its relation with yield and quality[J]. Sugar Tech, 12 (1): 47−52.

MEVHIBE A, ERDOGAN G, BULENT G, 2010. The effects of irrigation methods on input use and productivities of sugar beet in Central Anatolia, Turkey[J]. African Journal of Agricultural Research, 5 (3): 188−195.

MILES C, WALLACE R, WSZELAKI A, et al., 2012. Deterioration of potentially biodegradable alternatives to black plastic mulch in three tomato production regions[J]. Hort Science, 47 (9): 1270−1277.

MONTI A, BARBANTI L, VENTURI G, 2007. Photosynthesis on individual leaves of sugar beet (*Beta vulgaris*) during the ontogeny at variable water regimes[J]. Annals of Applied Biology, 151 (2): 155−165.

MONTI A, BRUGNOLI E, SCARTAZZA A, et al., 2006. The effect of transient and continuous drought on yield, photosynthesis and carbon isotope discrimination in sugar beet (*Beta vulgaris* L.) [J]. Journal of experimental botany, 57 (6): 1253-1262.

MORILLO-VELARDE R, 2011. Water Management in Sugar Beet[J]. Sugar Tech, 12 (3-4): 299-304.

OBER E S, RAJABI A, 2011. Abiotic Stress in Sugar Beet[J]. Sugar Tech, 12 (3-4): 294-298.

OKOM S, RUSSELL A, CHAUDHARY A J, et al., 2017. Impacts of projected precipitation changes on sugar beet yield in eastern England[J]. Meteorological Applications, 24 (1): 52-61.

PIDGEON J D, WERKER A R, JAGGARD K W, et al., 2001. Climatic impact on the productivity of sugar beet in Europe, 1961-1995[J]. Agricultural and Forest, 109: 27-37.

QI A, JAGGARD K W, KENTER C, 2005. The Broom's Barn sugar beet growth model and its adaptation to soils with varied available water content[J]. European journal of agronomy: the official journal of the European Society for Agronomy, 23 (2): 108-122.

RAMAZAN T, SINAN S, BILAL A. Effect of different drip irrigation regimes on sugar beet (*Beta vulgaris* L.) yield, quality and water use efficiency in Middle Anatolian, Turkey[J]. Irrigation Science, 2011, 29: 79-89.

RENNE R R, BRADFORD J B, BURKE I C, et al., 2019. Soil texture and precipitation seasonality influence plant community structure in North American temperate shrub steppe[J]. Ecology, 100 (11): e02824.

REYES-CABRERA J, ZOTARELLI L, DUKES M D, et al., 2016. Soil moisture distribution under drip irrigation and seepage for potato production[J]. Agricultural Water Management, 169: 183-192.

RODRIGO, 2010. Water Management in Sugar Beet[J]. Sugar Tech, 12 (3-4): 299-304.

SALVATORE C, PIETRO R, 2003. Effect of irrigation frequency on root water uptake in sugar beet[J]. Plant and Soil, 253: 301-309.

SÁNCHEZ-SASTRE L F, MARTÍN-RAMOS P, NAVAS-GRACIA L M, et al., 2018. Impact of Climatic Variables on Carbon Content in Sugar Beet Root[J].

Agronomy, 8（8）：147.

SANTOSH K，2011. Yield Response of unicum Wheat to early and late application of nitrogen：flag leaf development and senescence[J]. Journal of Agricultural Science （toronto），3（1）：170-182.

SEPASKHAH A R，AZIZIAN A，TAVAKOLI A R，2006. Optimal applied water and nitrogen for winter wheat under varuable seasonal rainfall and planning scenarios for consequent crops in a semi-aridregion[J]. Agriculture Water Management，84：113-122.

SHEEELA K R V S，ROBIN S，MANONMANI S，2020. Principal component analysis for grain quality characters in rice germplasm[J]. Electronic Journal of Plant Breeding，11（1）：127-131.

SINGH A K，JAIN G L，2006. Effect of sowing time，irrigation and nitrogen on grain yield and quality of winter wheat in the north China plain[J]. Agricultural Water Management，85（1-2）：211-218.

STARKE P，HOFFMANN C，2014. Dry matter and sugar content as parameters to assess the quality of sugar beet varieties for anaerobic digestion[J]. Sugar Industry，139：232-240.

STEVANATO P，SQUARTINI A，CONCHERI G，et al.，2015. Sugar Beet Yield and Processing Quality in Relation to Nitrogen Content and Microbiological Diversity of Deep Soil Layer[J]. Sugar Tech，18（1）：67-74.

TRIMPLER K，STOCKFISCH N，MÄRLÄNDER B，2017. Efficiency in sugar beet cultivation related to field history[J]. European Journal of Agronomy，91：1-9.

TRZEBINSKI，1990. The effects of intensive fertilizer application on sugar beet sucrose content[J]. Field Crops Abtracts，43（2）：166-167.

ULRICH，1995. A influence of night temperature and nitrogen deficiency on the growth sucrose accumulation and leaf minerals of sugar beet plant[J]. Plant Physiology，30：250-257.

VINICIUS DA SILVA P，RODRIGUES MILAGRES VIANA H，RAFAEL MALARDO M，et al.，2021. Indaziflam：Control effectiveness in monocotyledonous and eudicotyledonous weeds as a function of herbicide dose and soil texture[J]. Pak J Biol Sci，24（11）：1119-1129.

WANG F X，WU X X，SHOCK C C，2011. Effects of drip irrigation regimes on potato tuber yield and quality under plastic mulch in arid Northwestern China[J]. Field Crops Research, 122（1）: 78-84.

WESTARP S V, CHIENG S, SCHREIER H, 2004. A comparison between low-cost drip irrigation, conventional drip irrigation, and hand watering in Nepal[J]. Agricultural Water Management, 64（2）: 143-160.

WU G Q, FENG R J, SHUI Q Z, 2016. Effect of osmotic stress on growth and osmolytes accumulation in sugar beet（*Beta vulgaris* L.）plants[J]. Plant, Soil and Environment, 62（4）: 189-194.

YANG H, DU T, QIU R, et al., 2017. Improved water use efficiency and fruit quality of greenhouse crops under regulated deficit irrigation in northwest China[J]. Agricultural Water Management, 179: 193-204.

ZHANG H, XIONG Y, HUANG G, et al., 2017. Effects of water stress on processing tomatoes yield, quality and water use efficiency with plastic mulched drip irrigation in sandy soil of the Hetao Irrigation District[J]. Agricultural Water Management, 179: 205-214.

ZHANG L, LIU Y, HAO L, 2016. Contributions of open crop straw burning emissions to PM2. 5 concentrations in China[J]. Environmental Research Letters, 11（1）: 014014.

ZHANG S, LI P, YANG X, 2011. Effects of tillage and plasticmulch on soil water, growth and yiled of spring sown maize[J]. Soil and Tillage Research, 12（1）: 92-97.

ZHANG Y Q, WANG J D, GONG S H, 2018. Effecte of film mulching on evapotranspiration, yield and water use efficiency of a maize field with drip irrigation in northeastern China[J]. Agricultural Water Management, 205: 90-99.

ZHAO H, LIU J, CHEN X, 2019. Straw mulch as an alter-native to plastic film mulch: positive evidence from dryland wheat production on the Loess Plateau[J]. Science of the Total Environment, 676（1）: 782-791.

ZHAO H, XIONG Y, LI F, et al., 2012. Plastic film mulch for half growing-season maximized WUE and yield of potato via moisture-temperature improvement in a semi-arid agroecosystem[J]. Agricultural Water Management, 104（2）: 68-78.

ZHAO Y N, WANG Y K, MA L H, et al., 2010. Effects of different flow rates on soil wettability under drip irrigation[J]. Agricultural Research in Arid Areas, 28

（4）：30-35.

ZHENG J，HUANG G，JIA D，et al.，2013. Responses of drip irrigated tomato yield，quality and water productivity to various soil matric potential thresholds in an arid region of Northwest China[J]. Agricultural Water Management，129：181-193.

ZHOU L，FENG H，2020. Plastic film mulching stimulates brace root emergence and soil nutrient absorption of maize in an arid environment[J]. J Sci Food Agric，100（2）：540-550.

ZHOU L，FENG H，ZHAO Y，et al.，2017. Drip irrigation lateral spacing and mulching affects the wetting pattern，shoot-root regulation，and yield of maize in a sand-layered soil[J]. Agricultural Water Management，184：114-123.

ZHOU X，WU L H，DAI F，2016. Influence of a new phosphoramide urease inhibitor on urea-N transformation in different texture soil[J]. Chinese Journal of Applied Ecology，27（12）：4003-4012.